机器人
手工制作

杨艳红　主编
张欣忠　王丽艳　郭翠珍　副主编

化学工业出版社
·北京·

内容简介

随着信息化、数字化时代的到来，形态各异的机器人正在走进人们的视野。浩瀚宇宙、广袤天空、无垠大海、苍茫大地，机器人无所不在。

本书精选了滑雪机器人、快递小哥机器人、三角形机器人、拉车机器人、大脚机器人、蟹脚机器人、爬行机器人、运动健身机器人、鸭子机器人、游泳机器人10个机器人进行制作，制作过程中必须手脑并用，其中处处体现数学、物理等知识。

本书介绍的机器人制作成本极低，读者却可以了解真正机器人的工作原理，从中轻松学到数学、物理等知识，还能在制作过程中战胜自我，磨炼意志，适合各个年龄段既爱“玩”又勇于探索的读者阅读。

图书在版编目（CIP）数据

机器人手工制作/杨艳红主编. —北京：化学工业出版社，2023.8

ISBN 978-7-122-43456-2

Ⅰ.①机… Ⅱ.①杨… Ⅲ.①机器人-制作 Ⅳ.①TP242

中国国家版本馆CIP数据核字（2023）第081994号

责任编辑：韩庆利　　文字编辑：吴开亮
责任校对：边　涛　　装帧设计：刘丽华

出版发行：化学工业出版社（北京市东城区青年湖南街13号　邮政编码100011）
印　　装：天津图文方嘉印刷有限公司
710mm×1000mm　1/16　印张8¾　字数124千字　2023年10月北京第1版第1次印刷

购书咨询：010-64518888　　售后服务：010-64518899
网　　址：http://www.cip.com.cn
凡购买本书，如有缺损质量问题，本社销售中心负责调换。

定　　价：49.80元

编写人员名单

主　编　杨艳红

副主编　张欣忠　王丽艳　郭翠珍

编　者　杨　柳　杨　楠　郭晓宁　陈赛龙　刘　波　申海英
杨占军　许　泰　张澄宇　王文亮　赵凤英　王　栋
白登玲　石素峰　郭校花　孙　睿　邵永东　郭小静
石金桃　李小燕　金晓丽　闫志芳

前　言

好的手工制作，固然可以赏心悦目，获得一时的满足，但在制作过程中，能将涉及的数学、物理知识以及常用工具的使用技巧轻松“玩弄”于指间的那种爽劲儿，更是笔者所追求的。结果固然重要，而本书更注重手工的制作过程。

为此，本书在编写体例上先以文字创设与制作相关的情境氛围，以激发读者的制作热情，再展示成品图片，旨在让读者在情感或认知结构上产生与制作的初步联系。然后依机器人的运动特点、制作材料、制作工具、工作原理、制作过程和制作感悟六部分逐一展开描述。在编写思路上以“知识和技能、过程和方法、情感态度和价值观”三维目标理念为纲，按“学科融合”的要求，引入STEAM教学中科学（Science）、技术（Technology）、工程（Engineering）、艺术（Art）、数学（Mathematics）五个元素，经拟人化处理后，像五位各具专长的辅导老师，参与读者的整个制作过程，从而轻松实现读者认知结构的改组或重建，最终到达一个新的起点。

制作过程中要让读者学会以下知识：人体结构比例（以电机为躯干的四肢长短要协调）、滑雪运作（看起来要像）、熊猫脸的画法、串联电路（动力来源）、轮轴、曲轴连杆（机械传动）、重心（头重脚轻需要配重）、摩擦力（运动幅度小，要想办法加大地板和滑雪杖的摩擦力，减小地板和滑雪板的摩擦力）、液体的热胀冷缩（焊接剂使用技巧）等。

通过制作，读者可以掌握电烙铁的使用、胶枪的使用、焊接剂的使用、电钻的使用、锯子的使用等多种技能和方法。

玩是人类的天性，更是孩子认识世界、培养学习能力的途径，玩在本质上就是一种智力活动。君不见，会玩者多见于会学习、爱思考、脑筋活的人群！当读者在“玩”的过程中蓦然悟出原来“这些知识和技能还真有趣，这些常用工具的使用还真不简单”时，则说明读者与本书有缘，笔者在书中的苦心经营也没有白费！

从笔者三十多年的从教经验来看，制作不分年龄，学习无关老幼。举手之劳，玩出智慧，做出学问！

编　者

目 录

No

Data

制作一

滑雪机器人

——最简单肢体运动的机器人（一）

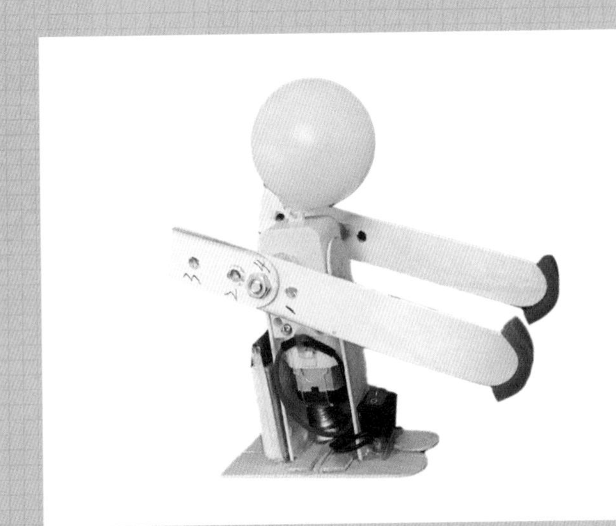

图 1-1

冬奥会上各类滑雪比赛中，运动员们手拄雪杖、疾如闪电的矫健身姿，给人以美的享受和强烈的视觉冲击。比赛前运动员需要热身，手工制作前也需要“热身”，这个最简单的滑雪机器人（图1–1），权且作为读者的“热身”之作吧！

一、运动特点

大多数滑雪运动中，运动员手里都拿着两根长长的“拐杖”，叫作滑雪杖（图1-2）。运动员滑雪时，滑雪杖不但能提供动力、控制平衡、引导变向，而且能支撑身体、控制重心。相比之下，本制作的动作就简单多了，机器人的整个手臂就是滑雪杖。

图1-2

机器人运动侧面如下：手臂顺时针旋转时，机器人向右运动，手臂从A点经过空中B点运行到C点之前，机器人是静止的（图1-3）；只有其手臂落到地面即C点时（图1-4），才将机器人支撑起来向前运动（图1-5 ~图1-7）；到A点后，移动结束，手臂又在空中旋转，接着下一轮运动。

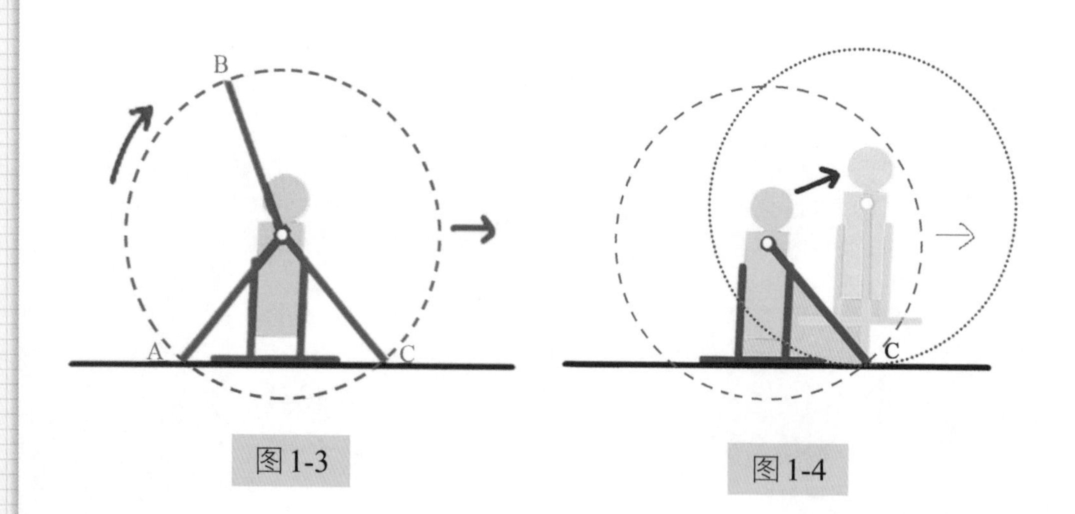

图1-3

图1-4

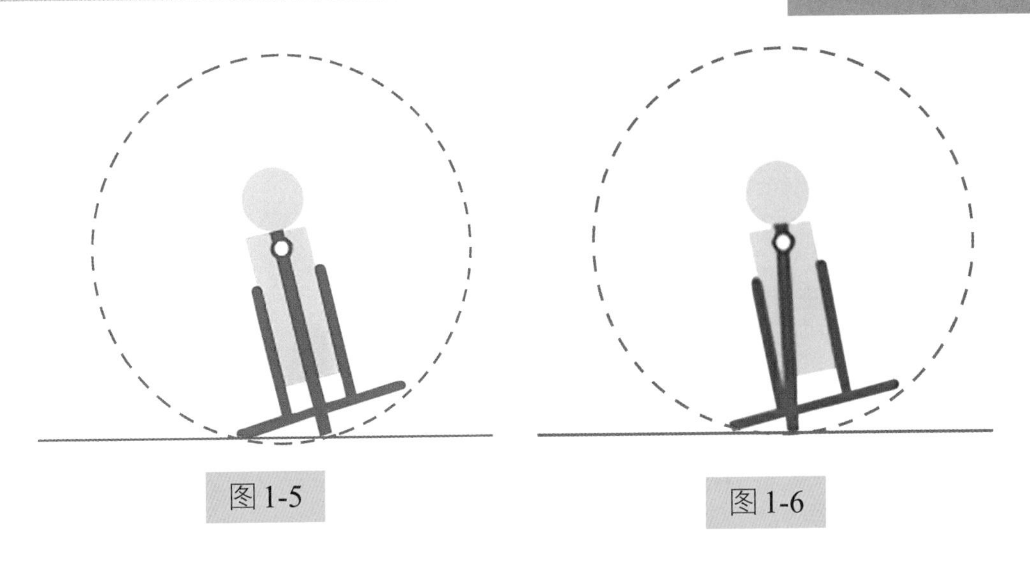

图 1-5　　图 1-6

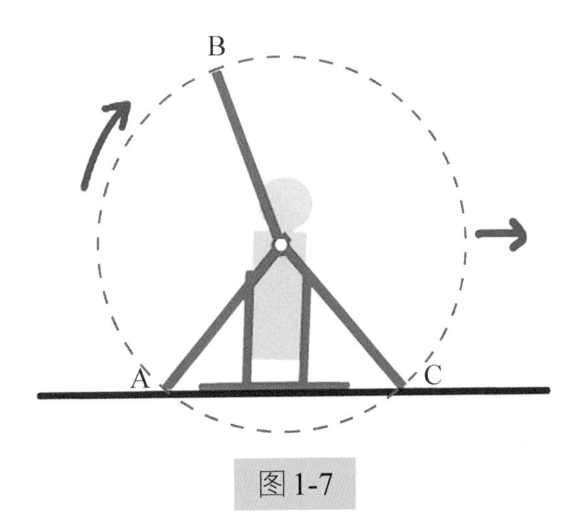

图 1-7

『数学（Mathematics）指点』本机器人手臂只能做圆周运动，不会模仿真实的滑雪运动，不过做演示还是可以的。手臂可以看作圆的半径，A、C两点是手臂与地面接触的点，手臂长短决定了机器人向前移动一次的远近。长则远，短则近。设滑雪板与电机已固定，则A、C两点间距离由手臂长短而定，手臂长则线段AC长，手臂短则线段AC短。手臂加长，其经过C点和A点的夹角在整个周角的占比就会增大（图1–3），速度就会提高；但从图1–5、图1–6可知，滑雪板与地面的夹角也会增大，机器人有可能向后倾倒。如何兴利除弊才能让机器人“滑”出最佳效果？笔者只给出了手臂的几种长度供读者探究，其他多项因素的关系，还望读者在制作过程中揣摩和研究。

二、制作材料

电池、电机、开关、连接线、乒乓球、油笔管、雪糕棒、2.5厘米螺钉（母）（图1-8）。

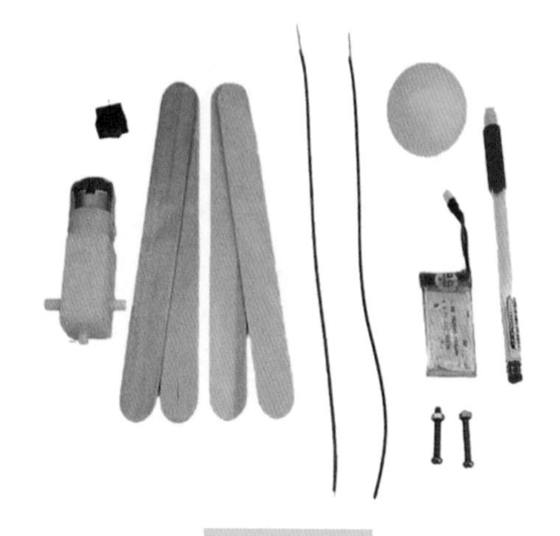

图1-8

三、制作工具

胶枪、美工刀、锯子、直尺、砂纸、电烙铁、钳子、电钻、焊接剂（胶黏剂）等（图1-9）。

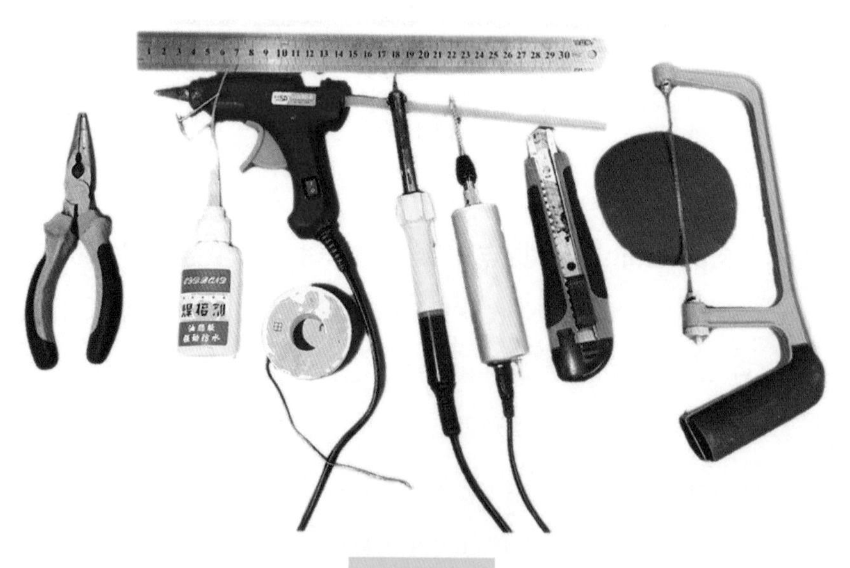

图1-9

四、工作原理

电机带动手臂做圆周运动，当支点接触地面时，将机器人的身体支撑起来，在电机扭矩的作用下，身体前移。手臂继续转动，身体再向前移，周而复始。

『**知识拓展**』扭矩（转矩）：使物体发生转动的力。电机转速越快，扭矩越小，反之越大。

五、制作过程

（1）制作“腿”。将两根1.8厘米×15厘米的雪糕棒平均分开（图1-10）。

（2）截面用砂纸磨平，便于与雪橇粘接，圆头朝上，粘在电机前后两侧（雪糕棒的宽度与电机的宽度相当）（图1-11）。电机下要留出1.5厘米的空间（图1-12），电机不能抬得太高，否则重心高了，机器人就会不稳。

图1-10

图1-11

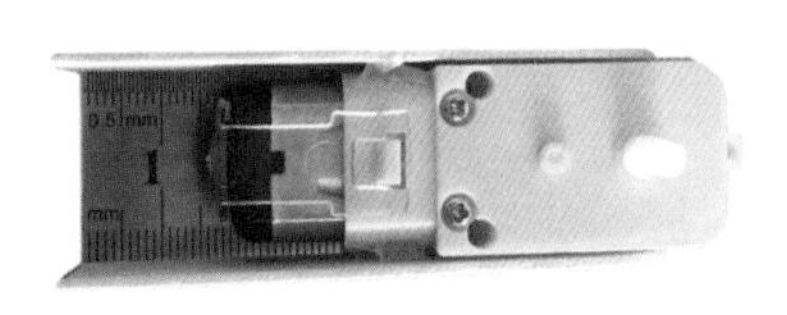

图1-12

『**技术（Technology）指点**』本制作重心尽量要低。我们看滑雪比赛时，总是见运动员弯着腰，就是为了降低重心，重心低，身体才稳。为了降低重心，可以在下面增加配重，还可以把电机、电池等尽量固定得低一些。如果机器人滑雪时不侧翻，行动正常，就不要另加配重，否则会降低机器人的运行速度。

（3）制作滑雪板。另两截雪糕棒（完成制作后可根据运动情况加长），侧棱紧贴上下对齐，点焊接剂（胶黏剂）于缝隙间，背面可垫上光滑的废木板，粘接时还要经常移动，以防焊接剂渗到滑雪板下与垫板粘住（图1-13）。为了结实，还可以用雪糕棒余料横向加固（图1-14）。

图1-13

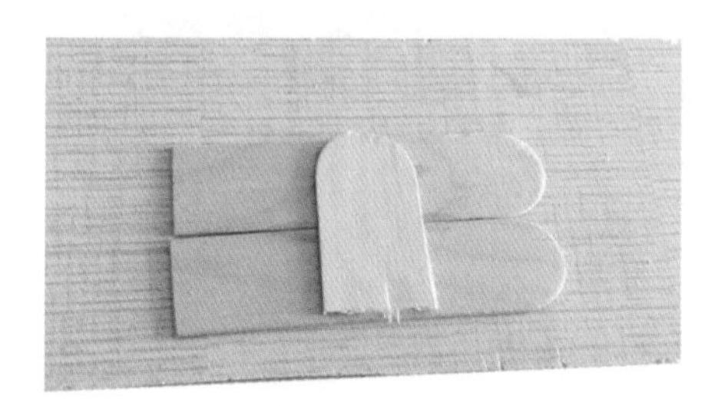

图1-14

（4）将滑雪板圆头作为前方，粘接机器人身体时，前方的雪糕棒用砂纸稍磨一下，使身体稍向前倾，以便让身体展现出用力的样子（图1-15）。为了美观，可先用焊接剂粘接，内侧再用胶枪加固（图1-16）。

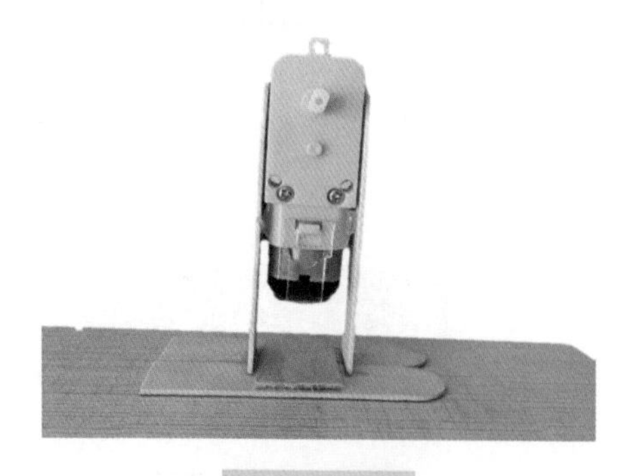

图1-15

图1-16

『**科学（Science）指点**』运动员弯着腰，如「技术（Technology）指点」所述，能降低重心，是为了求稳。但身体向前倾，故意让重心向前移出身体之外，又是在创造一种不平衡的险境，所以，滑雪运动员就是在这样既追求稳又打破稳的矛盾冲突中，在观众面前充分展现竞技体育的无穷魅力。

（5）用胶枪在电机轴两端粘上螺钉。尽量不要偏离轴心，从机器人头顶俯视（图1-17）和从正前方正视（图1-18）观察都与轴成一条线即可，然后再进一步加固。

（6）截取小于1.5厘米的油笔管（螺钉的长度为2.5厘米，留出1厘米余地，给手臂和螺母留出位置），两端磨平，套在螺钉两端。其目的是：可使两肩尽量向外伸展，以避免下面的滑雪板侧边与手臂摩擦，手臂间距加宽，可以提升机器人运动时的稳定性（图1-19）。

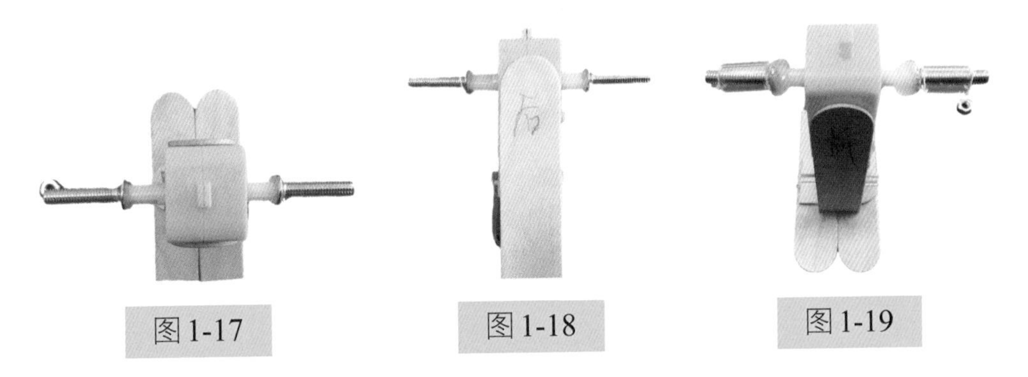

图1-17　图1-18　图1-19

（7）制作机器人的手臂。将雪糕棒截为11厘米和4厘米两段（图1-20），截面用砂纸磨平，再将长短两段雪糕棒平头对齐粘好

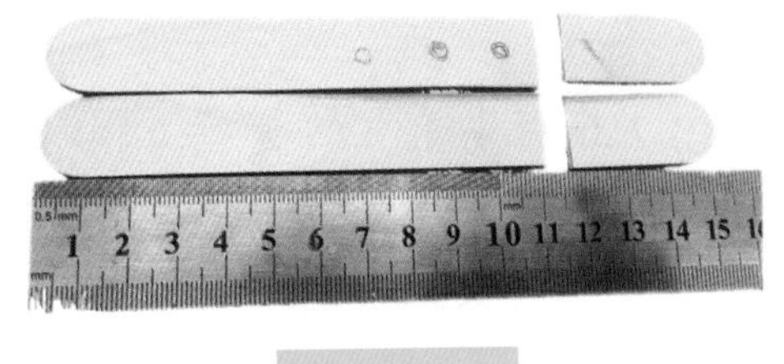

图1-20

（图1-21）（让材料加厚，目的是打孔时，提高材料的结实程度），再用电钻在如图1-22所示的位置打三个孔。多打几个孔，是为了找到滑雪机器人最佳的手臂长度，但孔打多了，雪糕棒的结实程度就会受到影响，所以，选的螺钉尽可能细一些。

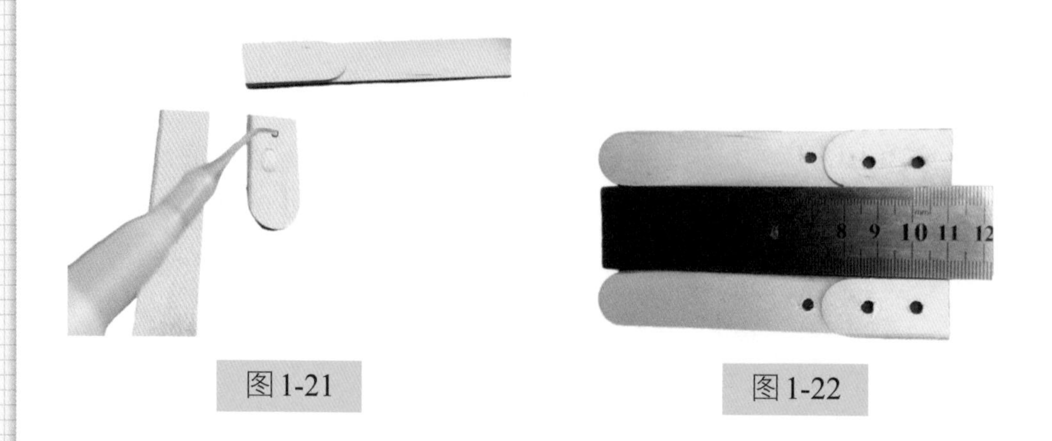

图1-21　　图1-22

『**数学（Mathematics）指点**』手臂的长短要合适。从前面的“运动特点”中知道，手臂长了，滑雪板与地面的角度就大，机器人容易侧翻；而短了，手臂则不能触及地面，只能空转做圆周运动，机器人不会动。所以，可以多打几个孔，一一进行测试。这样也给读者留出试验探究的空间。通过手臂在不同孔位的变化，找到滑雪机器人手臂最佳的安装位置。

滑雪板的长度也有讲究。降低机器人的重心固然可以提高它的稳定性，但如果滑雪板做得短，着地面积小，就不会稳，尤其是滑雪时速度飞快，只有加大滑雪板与雪的接触面积，运动员才能滑得更稳，所以，滑雪板的制作宜长不宜短。

『**技术（Technology）指点**』手臂的长短是相对的。手臂长了机器人容易倒，但也可以通过在滑雪板上增加配重，来获得新的平衡，这需要读者自己去测试。另外，滑雪板的长度也不是越长越好。超过适当的值，会给机器人的灵活性带来影响。

（8）给电机、开关两端接上连接线（这一步也可提前完成），将电池粘在机器人背面，尽量往下粘，将开关粘在头顶或滑雪板上。将电机、电池、开关以串联的方式连接起来（图1-23）。

图1-23

『**知识拓展**』串联：就是电路中各个元件被连接线逐次连接起来。串联是连接电路元件的基本方式之一，与之相对应的还有并联。

『**技术（Technology）指点**』接线前一定要先用电池正负极触及电机两端，观察电机的旋转方向，确定是朝前方运动时，再将线路连接好。将连接线用胶枪固定好，要美观且方便充电。

（9）安装手臂。将两侧手臂安在螺钉上，上好螺母，在拧紧前先把手臂调整成平行状态。此处不可用胶，因为还要对其他几个孔分别进行测试，观察运动结果（图1-24）。

图1-24

（10）粘头部时要稍向前倾，方显动感，又能使重心前移。如果觉得不太美观，还可以加个脖子（图1-25）。

（11）细心的读者一定会看出，图1-25比图1-24多出一个孔，且多出的这个孔在所标的1孔和2孔之间。之前打3个孔是设想：第1孔位，机器人的手臂不会着地，旋转时身体不动；第2孔位，机器人为正常滑雪状态；第3孔位，手臂过长，机器人运动时显得笨拙，身体还容易侧翻转打滚。但经测试，第2孔位也较高，于是就在第2孔位和第1孔位之间开了第4孔位。测试后发现机器人能正常运动。这几个孔位没有给出具体数值，目的是让读者自己在制作时去体验。如果读者还没有制作手臂而先看到这一部分，则可以按4个孔的长度加长附加的（短的）那块雪糕棒，再给手臂多打一孔。

（12）启动机器人测试，手臂转速很高，但机器人行动迟缓，仔细观察，是手臂与地面打滑所致。粘上橡皮条增加摩擦力后，机器人运动速度明显提高（图1-26）。

图1-25

图1-26

『**知识拓展**』两个相互接触的物体，当它们做相对运动时，在接触面上会产生一种阻碍相对运动的力，这种力就叫作摩擦力。

六、制作感悟

（1）如果读者乐于探究，还可以尝试其他的玩法，比如：

① 让手臂一前一后交替运动，观察机器人的运动状态；

② 增加配重，试用第2和第3孔位，测试机器人能否正常运动。

（2）机器人一经启动，再想关闭就不方便了（本书的制作都有这个问题）。后期如果制作成遥控或编程机器人，就可以解决这个问题。

（3）手臂上3个孔的位置最初是随意设置的，第4孔位是后来增加的。可以先量一下电机轴到滑雪板（地面）的距离，若孔位与手臂末端小于此数值，手臂就是空转；稍大于此数值时，机器人会稍微移动；再大于此数值，机器人就会展现滑雪状态；如果再大，机器人可能就会侧翻。数值大的孔位，也许不稳，但加上合适的配重或（和）增减滑雪杖的长度，也能决定机器人正常的运动状态。

（4）电机轴直接带动手臂旋转应是最简单的运动方式，读者能否设计一种机械结构复杂一些、更形象的滑雪机器人呢？想好了，请及时将草图画在方框里（因为灵感稍纵即逝），再依图制作出来。

滑雪机器人

【扫描以上二维码，观看成品视频】

No

Data

制作二

快递小哥机器人

——皮带传动及轮轴传动

图 2-1

网上购物蔚然成风，快递行业方兴未艾，快递小哥们骑着送货三轮车穿梭在大街小巷，不但方便了人们的生活，也成了一道亮丽的风景线。请读者带着对普通劳动者的敬意，动手制作一个自己心目中的快递小哥机器人吧（图2-1）！

一、运动特点

这个制作分两部分：送货小车和快递员。从表面看好像是人在蹬三轮车，实际却是“人被三轮车蹬”，因为动力来源于小车架后面安装的电机，固定在电机轴一侧的飞轮，通过皮带——猴皮筋带动前面的轮盘转动，轮盘上的两个曲柄又与两条“腿”相连，就这样，通过动力的几次传递，“快递员”就会有模有样地“蹬”着三轮车送货去啦！

『**知识拓展**』皮带传动：是利用张紧在带轮上的柔性带进行运动或动力传递的一种机械传动。根据传动原理的不同，有靠带与带轮间的摩擦力传动的摩擦型带传动，也有靠带与带轮上的齿相互啮合传动的啮合型带传动（图2-2）。本制作采用的是第一种摩擦型皮带传动方式。

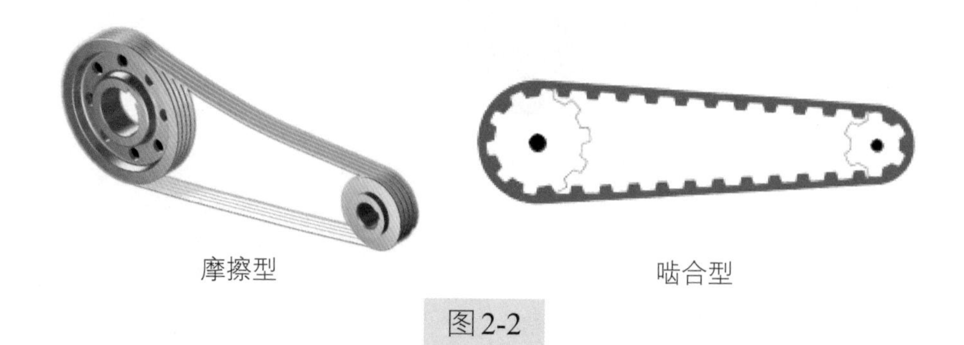

图2-2

轮轴传动：顾名思义，就是由“轮”和“轴”组成的简单机械系统。该系统能绕共轴线旋转，半径较大者是轮，半径较小者是轴。汽车方向盘、自行车、石磨、扳手、手摇卷扬机、自来水龙头的扭柄等都是轮轴类机械。

考考你：如图2-3所示是自行车上两个典型的轮轴装置，从图中可知脚踏板与________组成了一个省力的轮轴，飞轮与后车轮组成了一个________（选填“省”或“费”）力的轮轴。

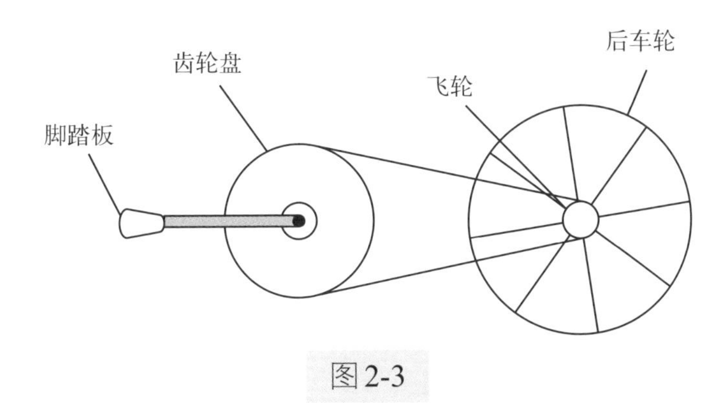

图2-3

二、制作材料

电机、电池、开关、连接线、小螺钉、铁丝、雪糕棒、塑料轮（一大一小带凹槽）、猴皮筋、硬纸板、油笔管、乒乓球、棉签棒（图2-4）。

图2-4

三、制作工具

胶枪、电烙铁、电钻、美工刀、直尺、焊接剂、夹子、钳子、圆规、砂纸等（图2-5）。

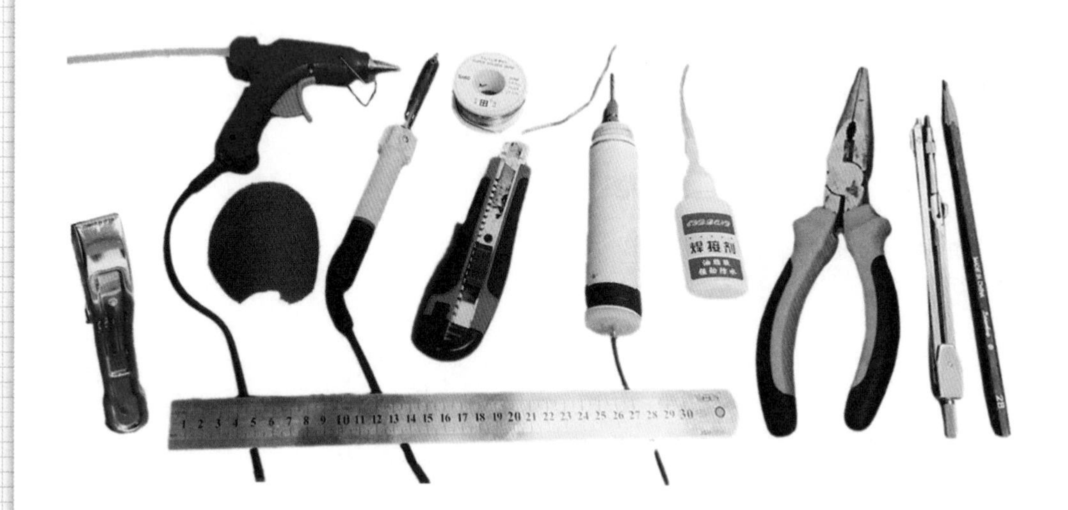

图2-5

四、工作原理

位于三轮车后轮上的电机工作时，皮带通过飞轮将动力传到前面的轮盘，引发轮轴运动，安装在两侧轮轴边缘的曲柄——“脚踏板”就带动双“脚”作蹬车状，整个看起来就如同真人一样骑着三轮车送货。

五、制作过程

『**工程（Engineering）指点**』要做好这个机器人很不容易。从图2-6可以看出，整个制作分人和车两部分，每部分又分为几个小部分，整体分得越多越细，制作出来后比例失调的概率也会越大，所以制作前就要做周密的考虑，力争使各部分的比例协调。如果“闭门造车”，就会出现车底盘或长或短，货箱或小或大，人体各部分比例失调。所以，建议制作时，合理排序，化整为零。比如，先做车架，大体留好人坐的位置，再以底盘余下的长度设计车箱，然后以座位空间制作“快递员”，身体有多高，腿、手臂有多长，都要按比例算好。

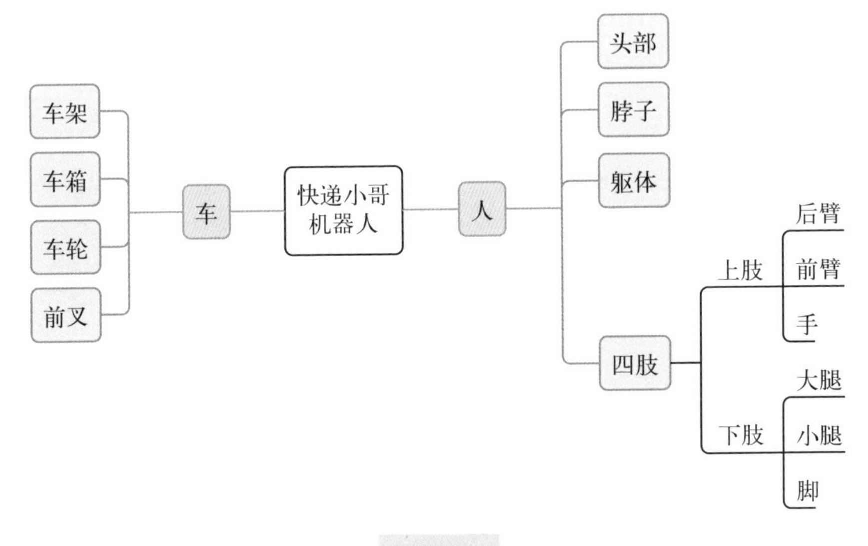

图2-6

（1）制作车底盘。将两根宽雪糕棒分别分成10厘米和5厘米两段，做车架的横梁和斜梁（图2-7）。

（2）将分开的长短两段雪糕棒折叠成150度（150°）角，用夹子夹住一侧，用焊接剂粘另一侧，然后夹住干的一侧，再粘另一侧。

同理制作底盘的另一侧（图2-8）。

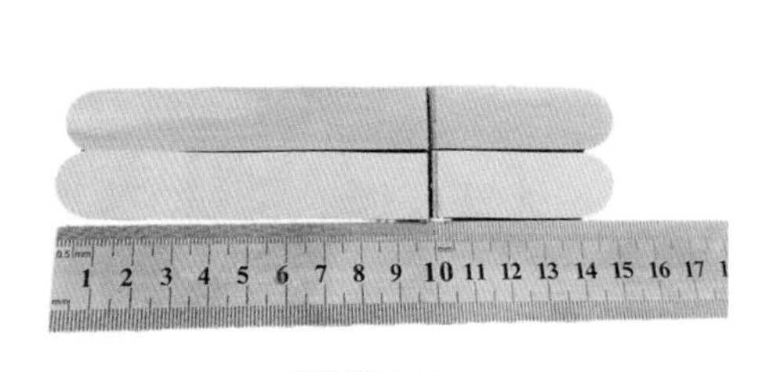

图2-7

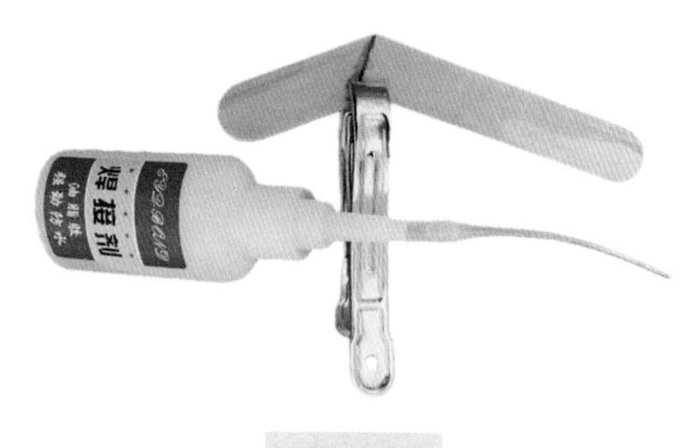

图2-8

『**数学（Mathematics）指点**』分析车架总成，有两个角，底盘横、斜梁的角度大约是150度，前叉与斜梁构成的角为90度左右（人做好后手臂握在车把上，才能固定前叉来确定其度数），90度容易设置，150度凭感觉就难了，必须用量角器，如果没有怎么办？在不要求精确的场合，可以用自然张开的手指间构成的角度来估计，比如笔者手指间角度如图2-9所示，但每个人因生理结构不同，指长和角度也不尽相同，读者可以量好后并记下，在某些场合是可以拿来一用的！

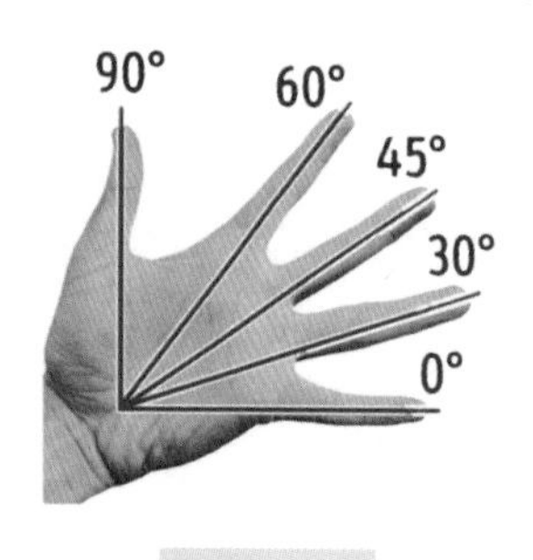

图2-9

『**技术（Technology）指点**』做底盘的另一侧，有个方法可以保证做得又快又标准：把做车架的两根雪糕棒对应重叠在刚才做好的一侧车架上，用夹子夹住一侧，用焊接剂粘另一侧，然后再粘干的一侧，这样可以保证两个车架的角度是一致的，当然，前提是一定要认真，做到完全重合（图2-10）。

『**知识拓展**』总成：也称“总承”，是机械领域里面的常用名词，即把零部件最后组装成成品，也就是集合体的意思。一系列零件或者产品，组成一个实现某个特定功能的整体，这一系统零件

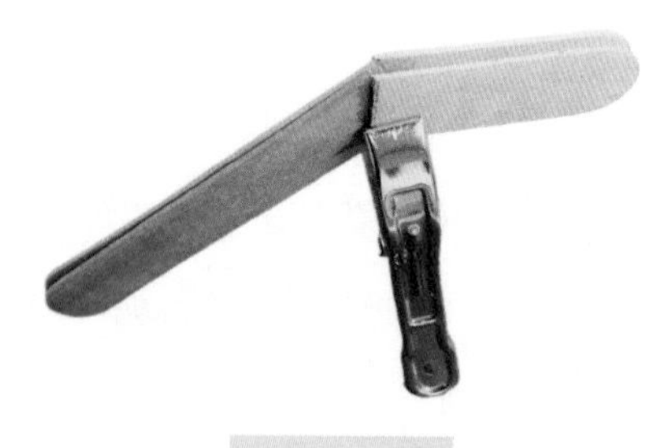
图2-10

或者产品的总称即为总成。针对本制作，前叉和底盘共同组成了车架总成。

（3）用与铁丝同样粗的钻头在底盘折角稍靠外处打孔，与前叉连接的斜梁边缘处也打上孔（图2-11）。

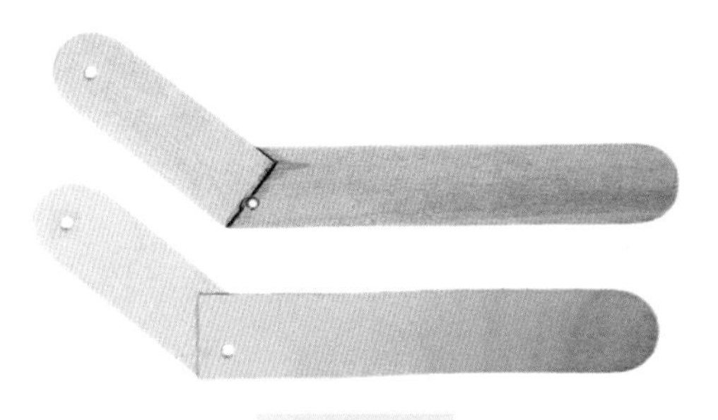

图2-11

（4）给电机焊上连接线。电机两侧不是平面。为使两侧车架粘在电机两侧且保持平行，先在电机两侧粘上雪糕棒下脚料补平（图2-12 ~ 图2-13）。

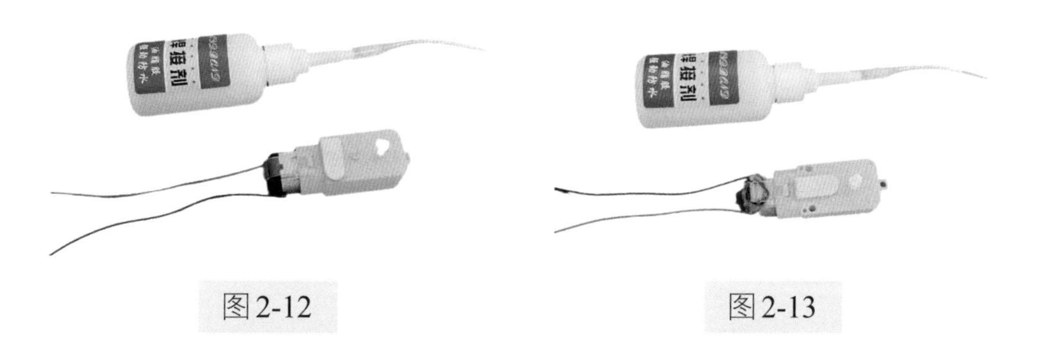

图2-12　　图2-13

（5）用胶枪把车架粘在电机两侧，让电机轴露在横梁外。用夹子夹在两侧，调整好后将底盘粘在电机两侧。要保证底盘在同一水平面上（图2-14和图2-15）。

（6）安装中轴和电机轴。取5厘米和11厘米两段铁丝，长的插入电机轴孔内，短的插入中轴孔内，中轴也可用棉签棒，需要在孔中转动自如。轴两头要平分（图2-16）。

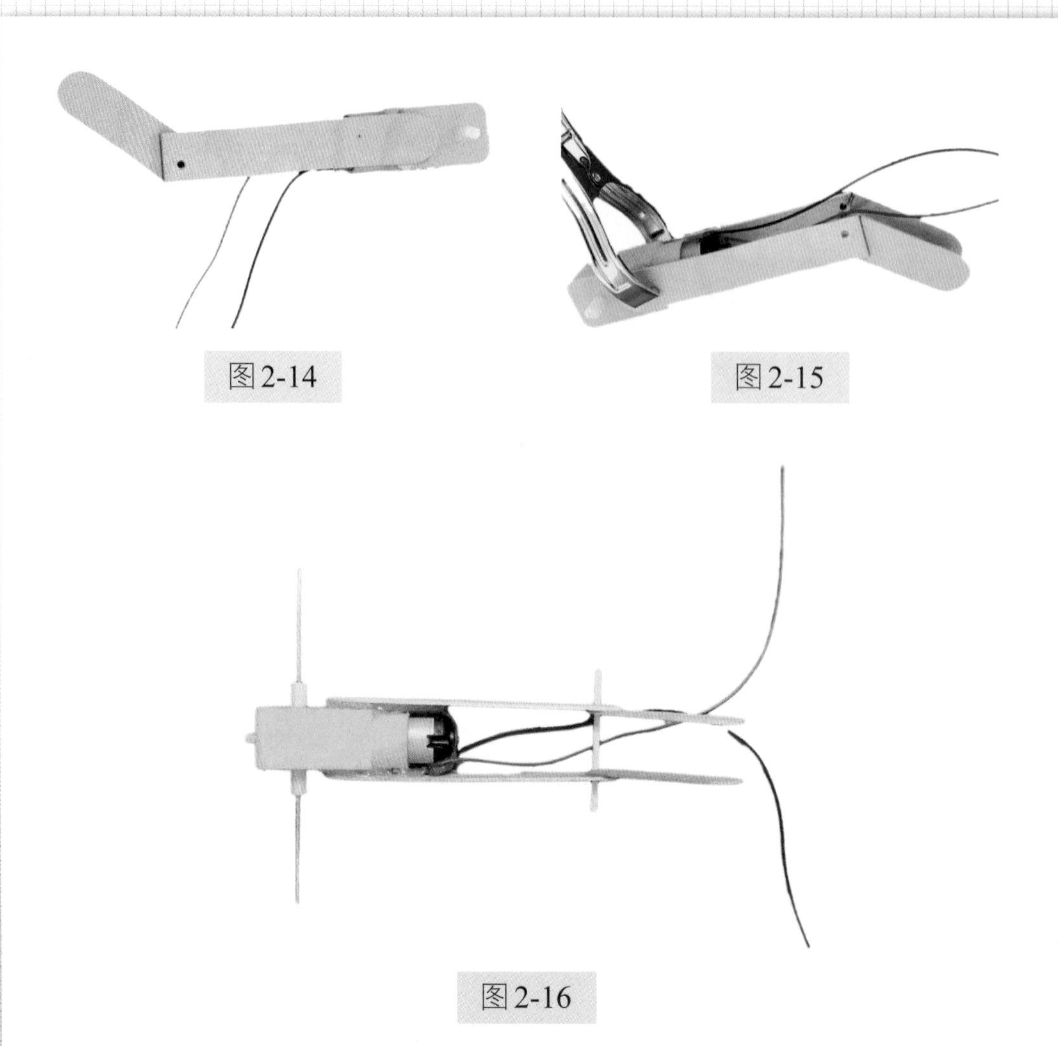

图2-14

图2-15

图2-16

（7）给轮盘外缘安装曲柄。取1厘米的两段铁丝，粘在新打的孔中（要用焊接剂，以保持外侧平整而不磕腿）（图2-17和图2-18）。

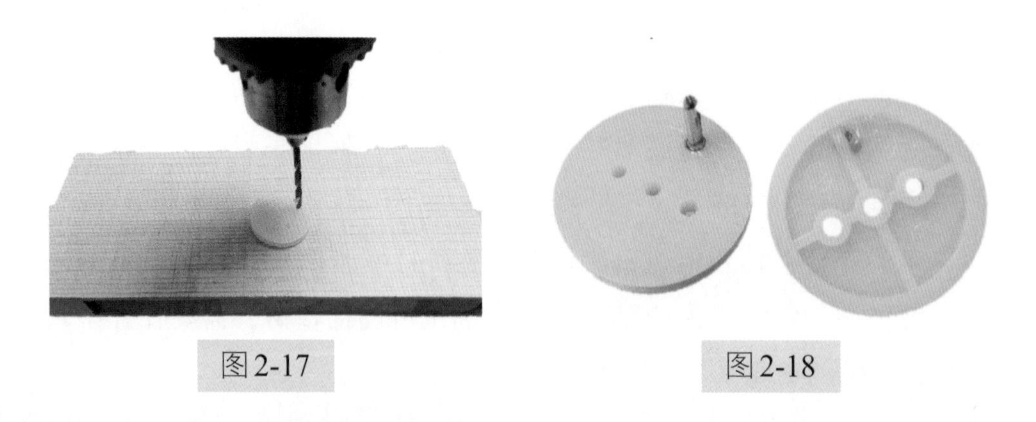

图2-17

图2-18

『**数学（Mathematics）指点**』曲柄安在圆心外的一个点上，相当于自行车的脚蹬，从前面“考考你”知道，脚蹬离轴心越远，则越省力，而运动的距离也越长。笔者所用塑料轮上原有三个孔，除了圆心外，另外两个都可以安装曲柄，只是它离圆心近，两腿的动作幅度不会大，运动起来视觉效果也不会好，所以，为了让机器人动感十足，就要费点事儿，从塑料轮的边上打孔安装曲柄。读者在安装曲柄时，可直接在塑料轮的边缘处打孔安装。

『**技术（Technology）指点**』打孔时钻头要垂直于盘面并要注意安全！粘曲柄时外部要平整。

（8）将曲柄轮盘安装在中轴两侧，将飞轮安装到电机轴上（图2-19和图2-20）。飞轮的安装没有什么要求，皮带设在哪一侧，就粘在哪一侧，牢固即可。

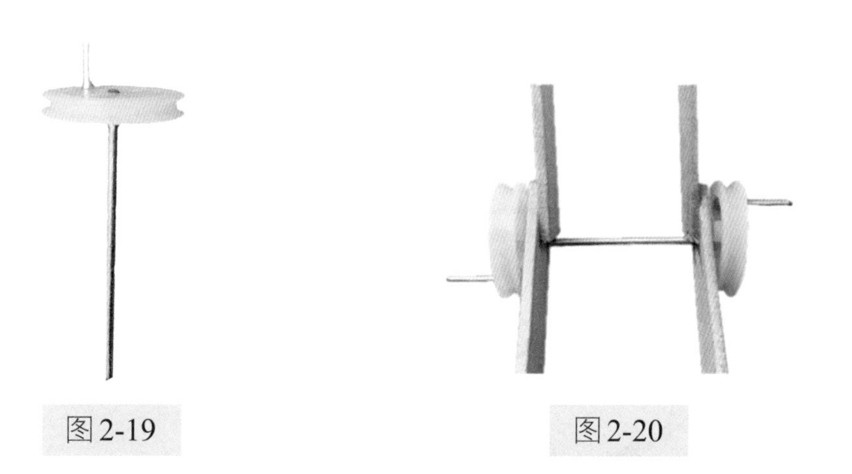

图2-19　　图2-20

『**技术（Technology）指点**』先取出中轴，安装一侧的轮盘，轮盘要与中轴垂直（图2-19），再将中轴插入中轴孔中粘另一侧轮盘，中轴末端与轮盘外表面要平，以防磕腿。另外，粘另一侧轮盘时要防止与车架粘在一起，上胶后，要转动一侧曲柄使中轴在孔中灵活运转（图2-20）。

（9）制作前叉。

① 取两根窄雪糕棒，重叠在一起在中间及两端打孔。

② 取一段6.5厘米长的宽雪糕棒，按图2-21所示将前叉粘好。

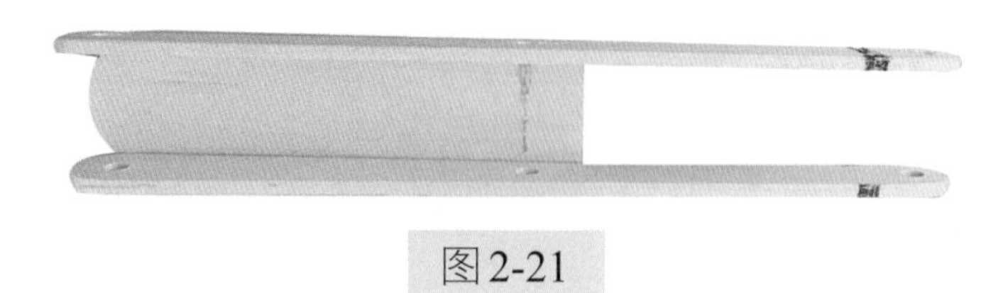

图2-21

『**技术（Technology）指点**』所谓“中间及两端”，只是目测，不可能精确，如果雪糕棒随意安排，三个孔很有可能会错位，这样在安装车轮时就会倾斜，车把也不会水平，所以，打孔前，最好在一头做一个标记，安装时将标记置于同一位置；或直接用直尺给三孔精确定位。

（10）安上皮带测试轮盘和飞轮的安装效果，皮带要松紧合适、与车架平行（图2-22）。

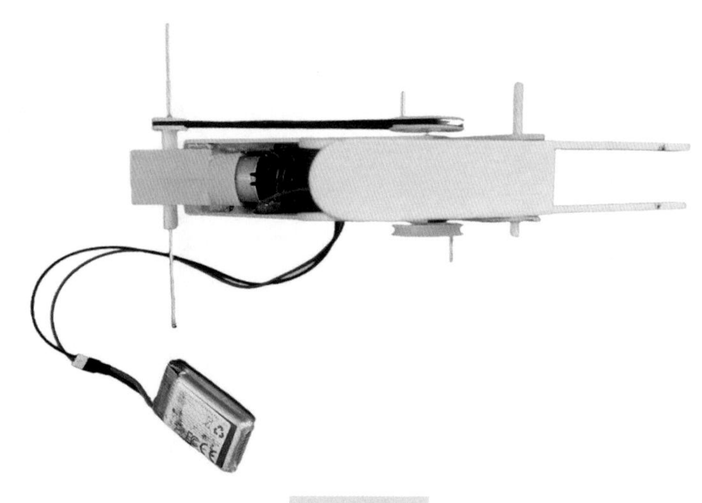

图2-22

（11）制作车轮。在硬纸板上用圆规画三个直径为5.5厘米的圆并用美工刀裁下（图2-23）。

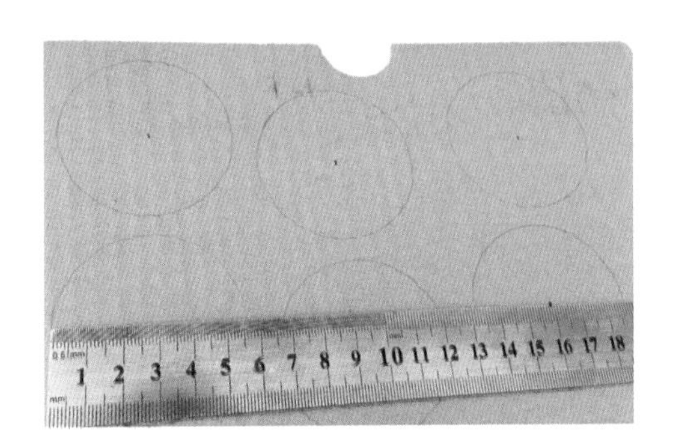

图2-23

『**技术（Technology）指点**』做车轮有如下技巧。①如觉单薄，可再粘一层。粘时尽量使瓦棱互相垂直，这样比平行粘贴更承重（图2–24所示为垂直粘贴，图2–25所示为平行粘贴），就像砌墙一样，砖总是一纵一横地往上码。②还可以在车轮外缘用胶枪上一圈胶（图2–26）或缠上两根猴皮筋（你知道这样做有几样好处吗?）。③为了防止轴心磨损，可以在圆心孔内粘上一段油笔管，不过，一要能让轴通过，二要与轮面垂直。

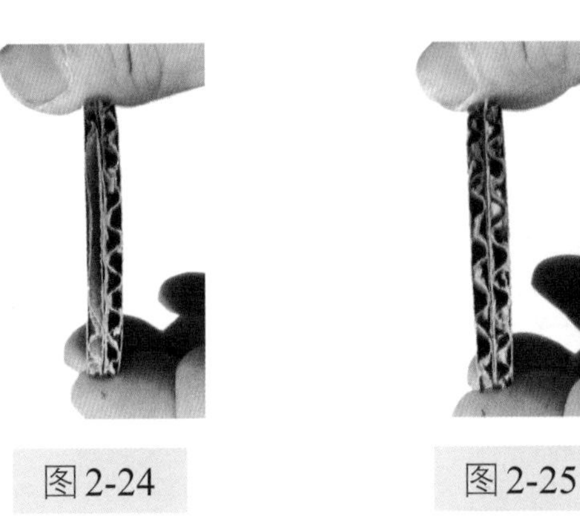

图2-24　　图2-25

图2-26

（12）制作车箱。用纸板做一个长×宽×高为9厘米×8.5厘米×6厘米的长方体。车箱后面的纸板先不要粘。

『**技术（Technology）指点**』这是关于长方体的制作过程。可以先找一个盒子，量一下六个面的长、宽并记在相应的位置，然后将盒子拆开，以了解六个面的相邻关系。观察好现成的长方体后，再按车箱所给的尺寸，将六个面画在纸板上，并用刀拆开（图2-27），再粘接（图2-28），最后再折成一个完整的长方体盒子（图2-29）。

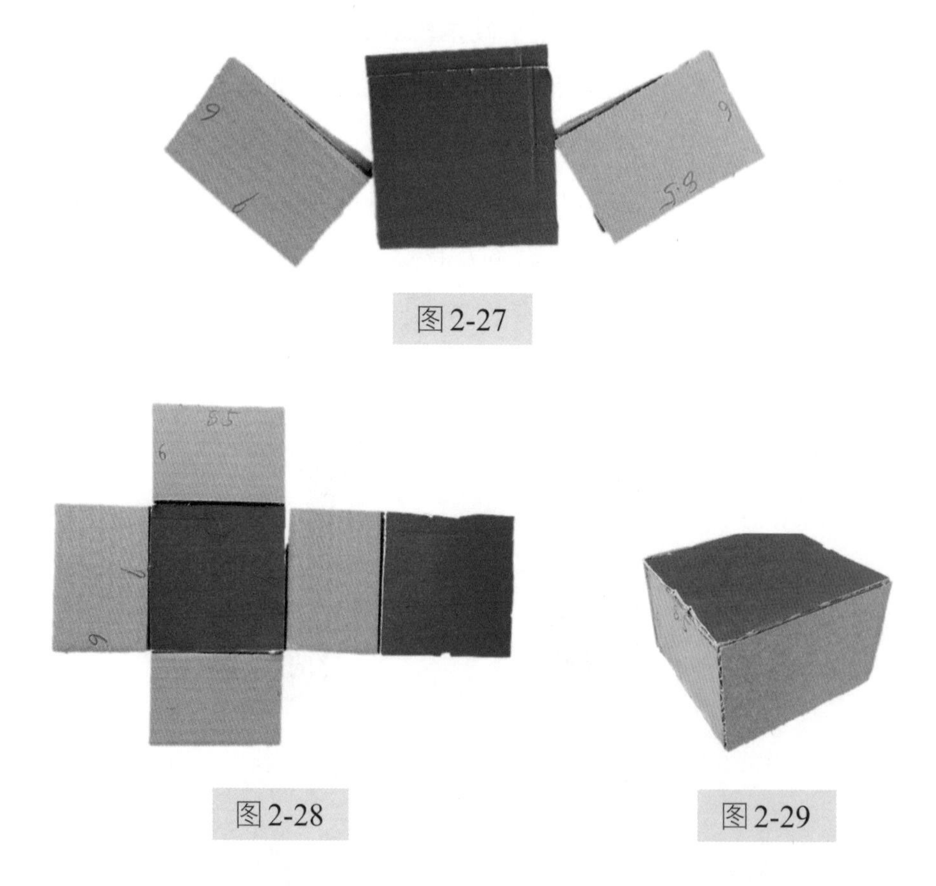

图2-27

图2-28

图2-29

『**数学（Mathematics）指点**』长方体和正方体在我们周边随处可见，其表面积在生活中的运用也十分广泛。如家里铺地砖、木地板，在墙上刷漆，用玻璃做鱼缸等，都需要计算长（正）方体的表面积。长方体表面积是长×宽×2+宽×高×2+长×高×2，正方体则是棱长×棱长×6。对这些知识要灵活应用，有时可能不用六个面全算。比如，让你给教室刷墙，不用刷地面；建一个游泳池，应贴多少瓷砖，也是只计算五个面。

『**科学（Science）指点**』车箱不是一个简单的制作。由六个面围成一个长方体，如果没有对包装盒之类的物体进行过观察和研究，很难一次性完成较为标准的车箱。「技术（Technology）指点」给出的方法是非常正确的：按正常顺序做不好，就先拆解一个完整的同类物体来研究，再由零散做到完整。这不仅是一种制作方法，而且是一种非常好的思维方法，叫逆向思维。用在工程制造方面，叫逆向仿制。

『**知识拓展**』逆向仿制是指获得某种实在物体后，进行拆解和研究，最后做出与原物一样甚至性能高于原物的研究过程。

（13）制作可以打开的活动后盖。在车箱后上方两侧打两个对称的孔，穿过铁丝（图2-30），把纸板裁成合适大小，上面粘在铁丝上（图2-31），下面粘上拉手（图2-32）。

图2-30

图2-31

图2-32

（14）将箱体安装在车架上。画出箱底面纵向中线（图2-33），将车架底面朝上，电机中线与箱底中线重合（图2-34），电机轴在箱体中间稍靠后一点，然后用胶枪将电机粘牢。

图2-33

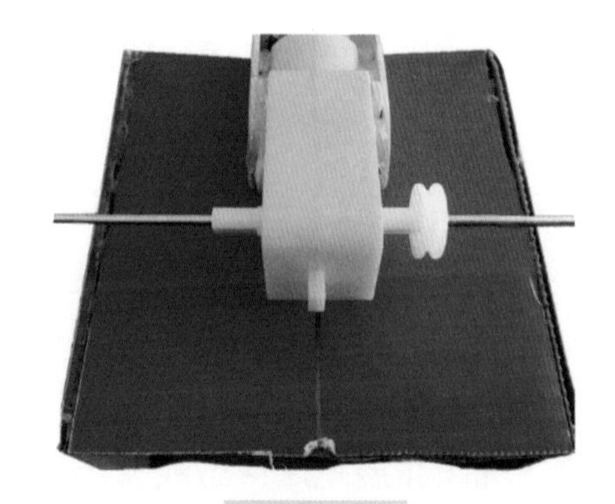

图2-34

（15）安装后车轮。先用焊接剂粘接使轮与轴垂直，满意后再用胶枪从里面加固。

『**工程（Engineering）指点**』固定时要考虑是让轴转还是让轮转，因本制作中前叉是木质，轮是纸质，故设计成将轴与轮粘死而让轴在前叉的轴孔中转比较合适，所以将轴与轮粘牢而让轴孔稍粗于轴。若让轮转，就将轴粘牢，在轴心插入一段油笔管，以减轻对圆心的磨损。

（16）安装前轮。在圆心两侧粘上小螺母以增加轮的厚度，然后安在轴上（图2-35）。

图2-35

（17）制作椅子。取一块长14厘米、宽4厘米的纸板（图2-36），按图2-37所示剪下并折成椅子形，粘在车上（图2-38）。

图2-36

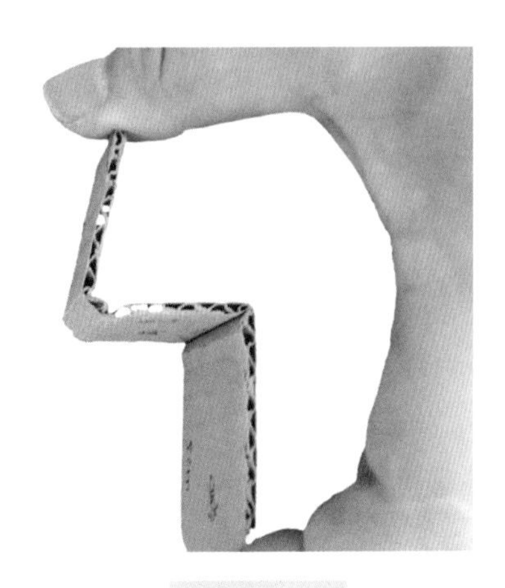

图2-37

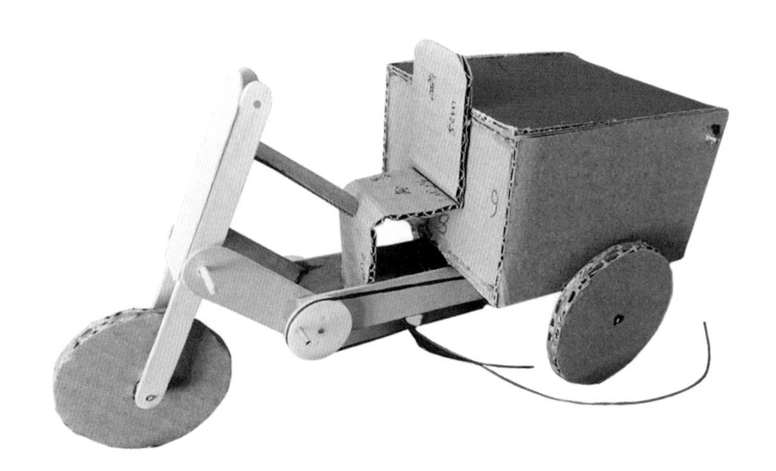

图2-38

『**技术（Technology）指点**』椅子的宽度尽量不要小于两侧轮盘的宽度，否则“腿”的活动受限制。

『**工程（Engineering）指点**』现在越来越多的行业都向“无人化”发展，这个制作如果不坐人，就可以叫“无人快递车”了，更赶潮流，且制作简单，又能减少动力消耗而提高工作效率。

『**艺术（Art）指点**』我认为还是加上“快递小哥”更好，这个制作才有了灵气，有了看点，才更像一件艺术品而不仅仅是一个工具。

『**科学（Science）指点**』正因有了“快递小哥”，才让读者直观了解皮带传动和轮轴传动这两种简单机械的工作原理。如果“无人”，这两个机械实例也失去了存在的必要，也就违背了本制作的初衷。何况，“无人”的前提是智能，而这样一件打开开关只能“勇往直前”，连拐弯和停下这些基本动作都不会的快递车，离真正的智能“无人快递车”还差很远呢！

（18）制作“快递小哥”，安车把，固定前叉。

① 躯干：取长10厘米、宽5.5厘米的纸板，围成椭圆形粘好，上下加上盖子（图2-39）。

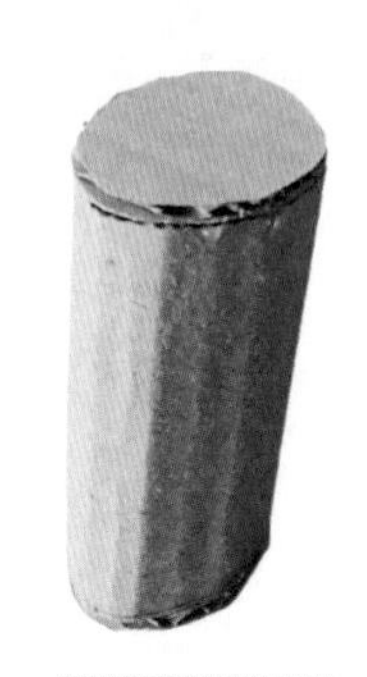

图2-39

② 将躯干粘在椅子上（图2-40）。

③ 手臂：取长7厘米、宽5厘米的纸板，平均分成两份，其中的一份画上握车把的手臂形状（图2-41），剪下并制作另一只手臂（图2-42），然后按握车把的姿势粘在躯干两侧。

④ 取5.5厘米铁丝，稍向内弯曲，穿过车把两孔平分后粘牢，再将两手粘在车把上（图2-43）。

⑤ 粘牢固定前叉并剪去轴多余的部分（图2-44）。

图2-40

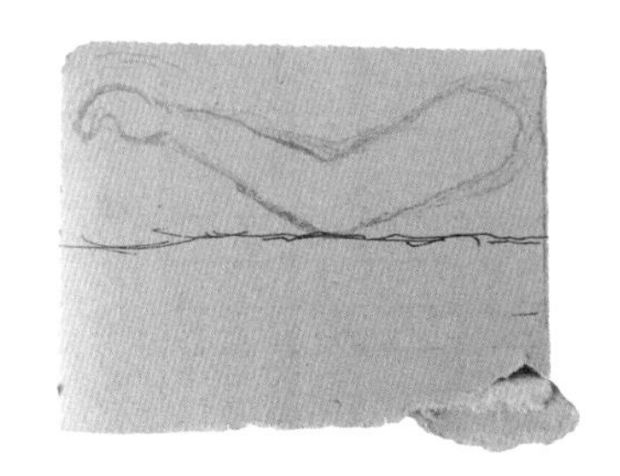

图2-41

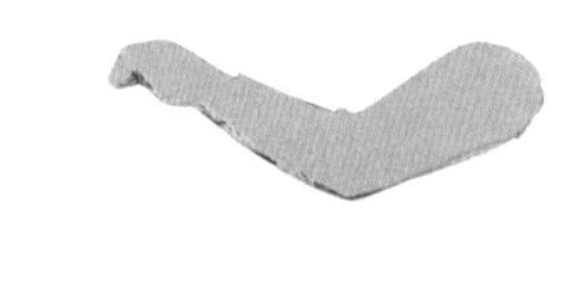

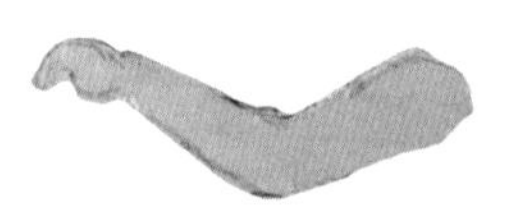

图2-42

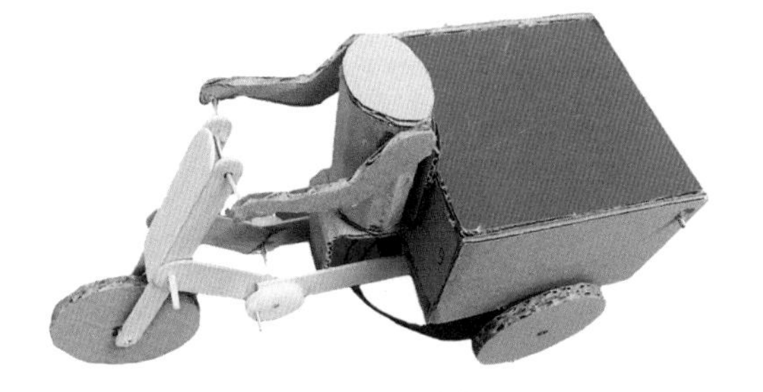

图2-43

图2-44

（19）制作“快递小哥”的“腿”。

① 取两根宽雪糕棒，截取长5厘米的四段（图2-45）。

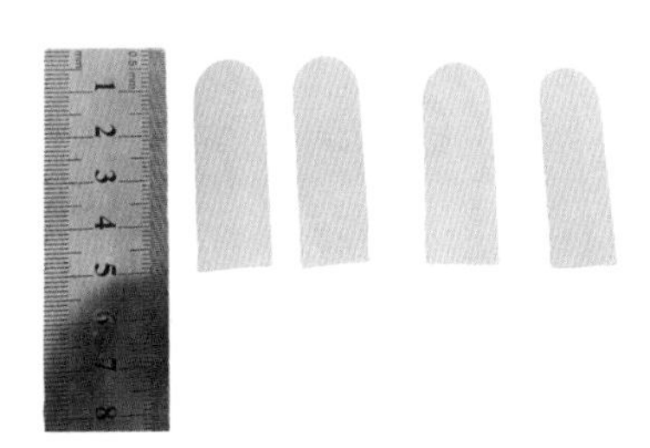

图2-45

② 画出大小腿形状，然后加工出来（图2-46）。

图2-46

③ 用小螺钉连接大小腿并使其活动自如，给螺母上胶加固（图2-47）。在大腿根和脚部打孔（图2-48）。

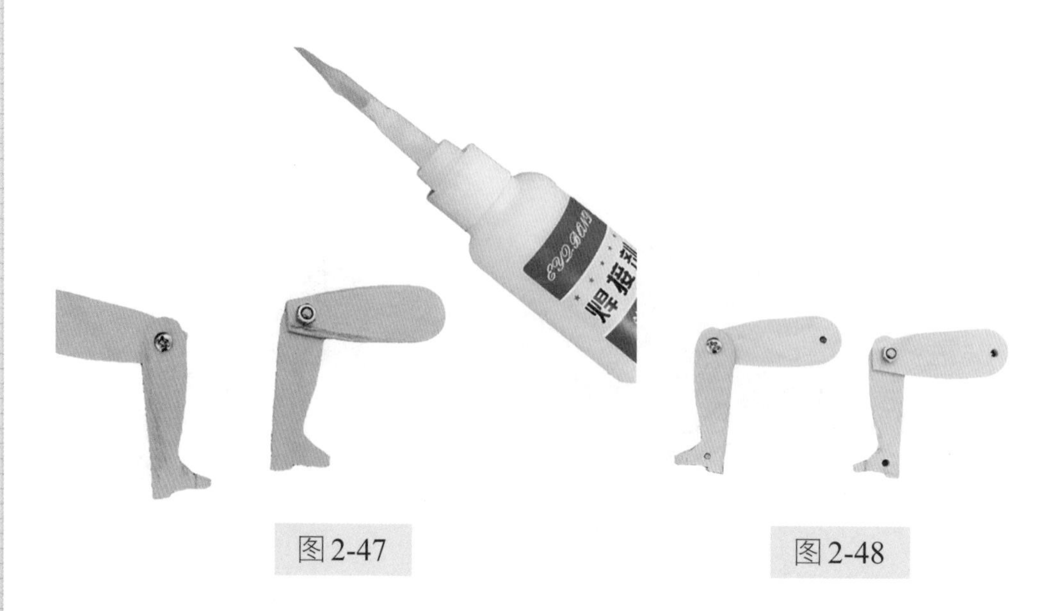

图2-47　　图2-48

④ 腿与躯干连接。取铁丝5厘米，从躯干底部穿过平分（图2-49），将大腿根的孔插在铁丝端，外边可套一段油笔管，与轴粘牢。腿要活动自如（图2-50）。

⑤ 脚与脚蹬组合。粘的方法同前（图2-51）。

图2-49

图2-50

图2-51

『技术（Technology）指点』特别注意：一定要先把皮带套在轮上，再安装并固定脚，不然，前面的皮带就没法安装了。至于后面飞轮，也要同时套上皮带，不是必须的，等安装后轮前再套也行。

（20）连接电路。

① 箱底打一孔，将电机连接线伸进箱内并拉出箱外（图2-52）。

② 给开关焊上连接线（图2-53）。

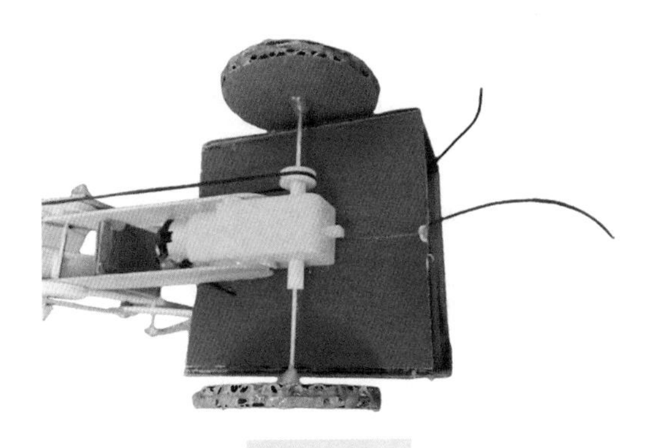

图2-52

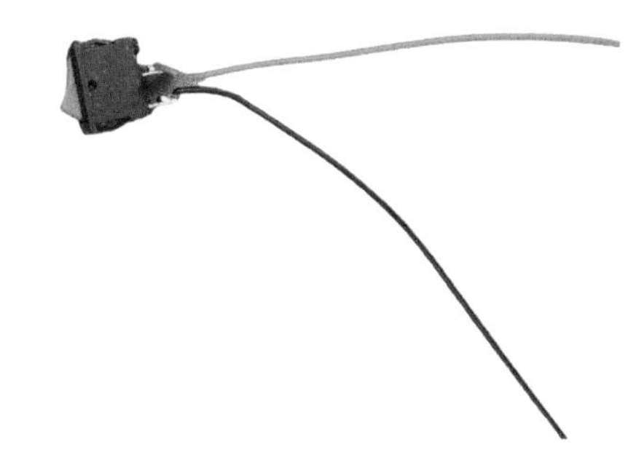

图2-53

③ 在箱顶开一与开关大小一样的长方形孔，安上开关，再连接电池、电机（图2-54）。

④ 测试电路。如果车轮没有倒转，则将开关、电池及连接线用胶粘牢在箱内，关上后盖（图2-55）。

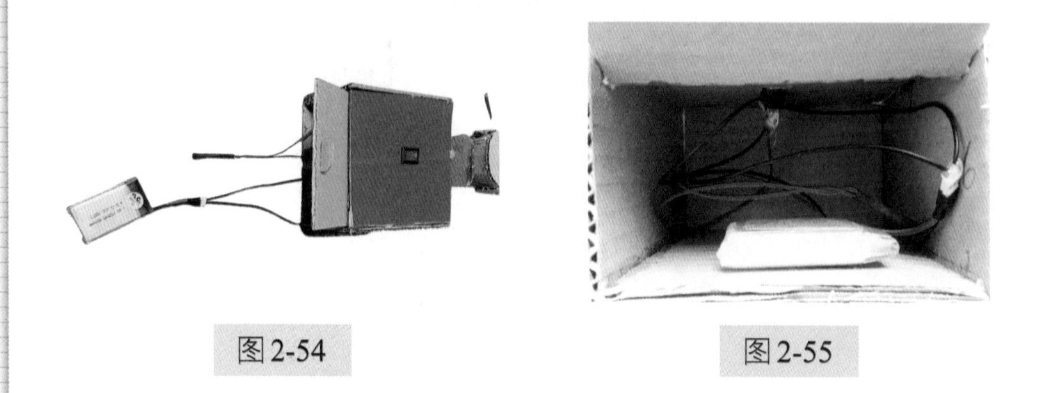

图2-54　　图2-55

（21）安装头部。取一段1.8厘米的油笔管，一头斜切，平头粘在躯干中间，斜头粘乒乓球，且要稍向前倾斜，制作完成（图2-56）。

图2-56

六、制作感悟

（1）为什么通常把三轮车或自行车的轮盘做大而把飞轮做小？

（2）假如打开开关后发现“倒车”，而这时电路已经粘好不能改动，请问还有其他办法让三轮车往前运行吗？能画出示意图吗？

（3）观察并体验变速自行车，进一步探究变速时用力的大小与速度快慢的关系，然后将体会写在下面。

【扫描以上二维码，观看成品视频】

No

Data

制作三

三角形机器人

——三角形的平移及多个曲轴连杆的联动

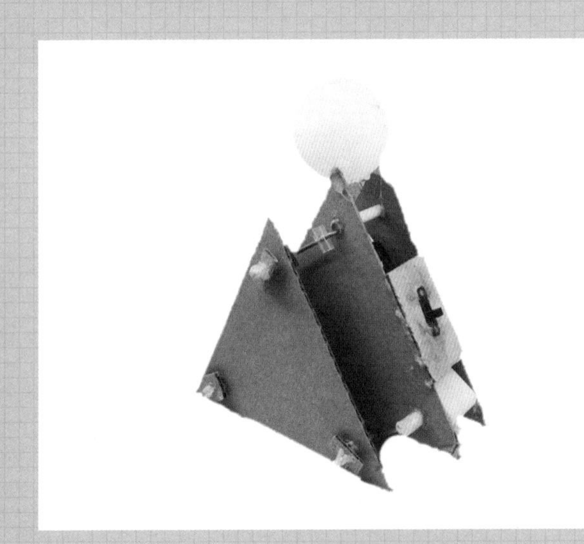

图 3-1

“玩出智慧，做出学问”是本书的宗旨。在本机器人的制作过程中（图3-1），读者不但能学会等边三角形的多种画法，而且还能了解“三角形平移”“功率”“参照物”等数学、物理概念。在具体的操作情景和STEAM专家的指点下，即使读者还没学过这些知识，也能轻松理解和掌握。

『知识拓展』平移：是指在同一平面内，将一个图形上的所有点都按照某个直线方向做相同距离的移动，这样的图形运动叫作图形的平移运动，简称平移。平移不改变图形的形状和大小。图形经过平移，对应线段相等，对应角相等，对应点所连的线段也相等。图3–2和图3–3是初中数学教材中关于平移的示意图。

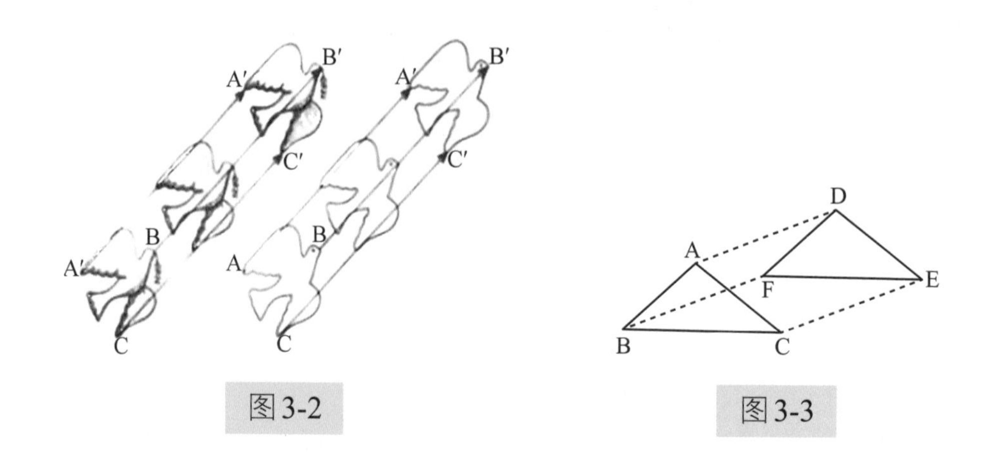

图3-2

图3-3

一、运动特点

曲轴连杆机构是机器设备常用的运动机构，也用于本书介绍的机器人制作中，一般是使用一套连杆机构。本机器人因三角形的独特外形，使用了三套连杆机构，只是其中一套提供动力，另外两套作为运动时的同步联动机构。

二、制作材料

电机、电池、连接线、开关、铁丝、乒乓球、硬纸板、空圆珠笔芯、吸管（图3-4）。

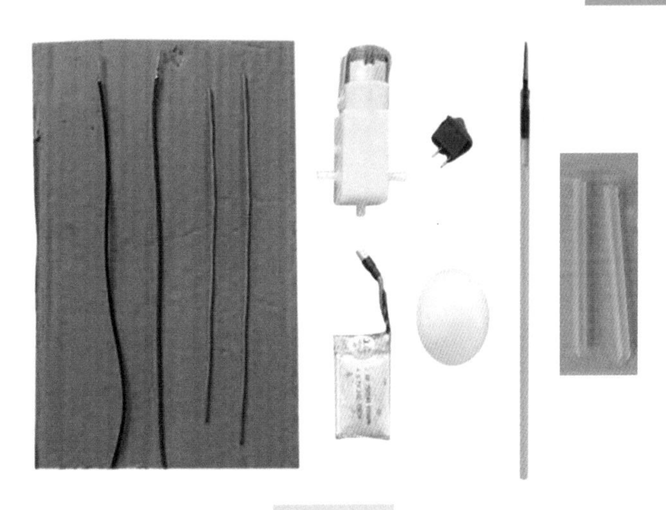

图3-4

三、制作工具

胶枪、焊接剂、美工刀、钳子、直尺、圆规、铅笔等（图3-5）。

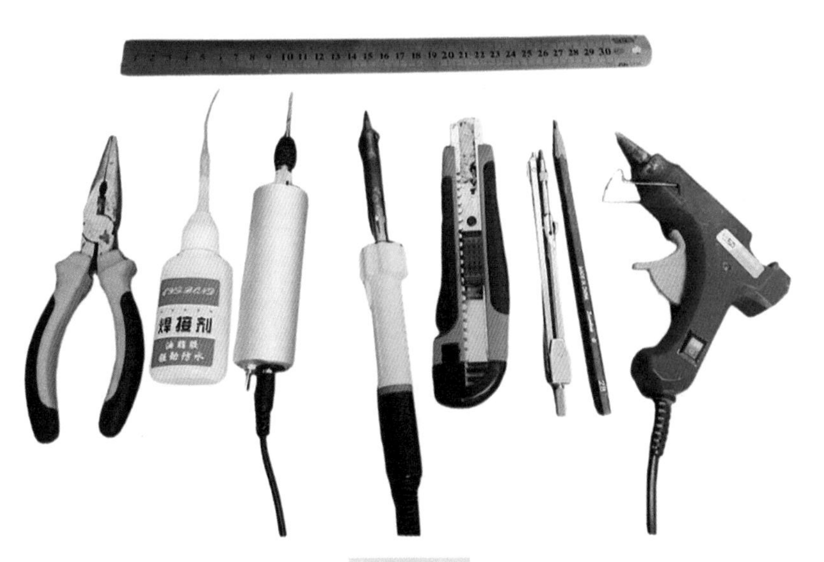

图3-5

四、工作原理

机器人外侧的两个三角形与曲轴连杆机构相连接，内侧的两个三角形固定在电机的两侧，所以从电机的角度看这两组三角形，内侧三角形是不动的，而外侧三角形则会随着电机的旋转，在三套曲轴连杆机构的带动下，相对于内侧三角形做“上—前—下—后”的往复循环运动，三角形机器人就动起来了。这种运动模式就采用了三角形的平移原理。

『知识拓展』关于组成本机器人的两组三角形的动与不动的问题，涉及物理学上的一个概念——参照物。在研究机械运动时，人们主观选定的、假设不动的、作为基准的物体叫作参照物。以本制作为例，当机器人在地上行走时，你会觉得两组三角形都在动，如果以这样的观察结果来研究机器人的运动，会增加不少难度；但如果你用手捏住内侧三角形，再启动开关，就会觉得内侧三角形是不动的，而外侧三角形随着电机的旋转以连杆的长度为半径做圆周的平移运动。这时，内侧三角形就是该研究对象的参照物。

『科学（Science）指点』如果希望提高机器人行走速度，除了将原有电池换成大功率电池外，还可以给另外两套曲轴连杆机构也加上电机和电池。不过，这样不但增加了制作的难度，而且电机和电池必须具备以下三个条件：电池功率相同，电机转速相同，电机旋转方向相同。读者可以思考：这三个条件中哪一个对机器人的行走影响最大？为什么？

『数学（Mathematics）指点』三角形的平移，强调三角形上的每一个点都在做同步移动，就相当于它自身的复制。就本制作而言，三角形是以电机轴心为圆心、以连杆的长度为半径，不停地做圆周运动来实现机器人运动的。

五、制作过程

（1）找一块硬纸板，在上面画出四个边长为12厘米的等边三角形，并将其裁下来（图3-6）。

图3-6

『数学（Mathematics）指点』等边三角形很特殊：其三个内角都是60度。针对这一特点，可以用多种工具、多种方法来画。读者学会这些画法，不仅是数学能力的体现，而且能在实际学习和生活中需要画等边三角形时，就地取材画出，很是方便。

·用三角板画

购买的学习用三角板一般有两个（图3–7），相同点是它们都是直角三角形，不同点是除直角的另外两个角：一个是60度和30度；另一个是两角都是45度，也就是等腰直角三角形。在此，我们选用有60度角的三角板画。

① 画一条长于12厘米的水平线，在线的左边标上一个点；

② 将60度角顶端放在这个点上，底边与水平线重合（图3–8）；

③ 以所标点为起点，沿着三角形斜边画长于12厘米射线（图3–9）；

④ 在水平线上从左标点向右量出12厘米并标出，三角板60度角

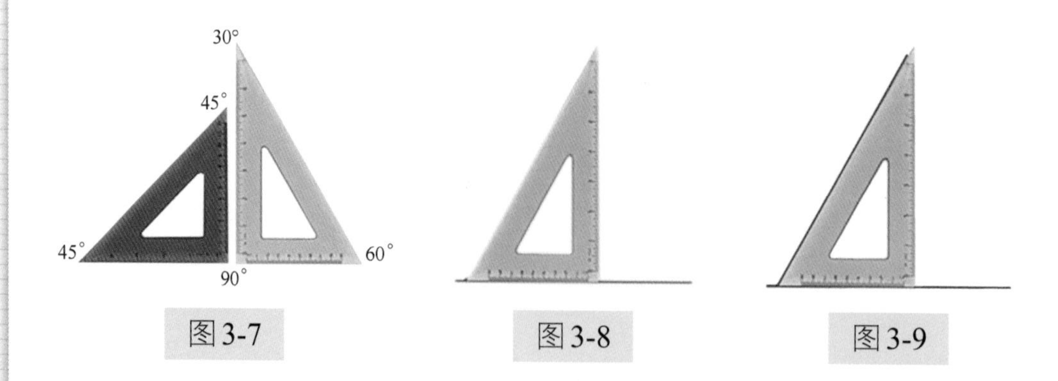

图3-7　图3-8　图3-9

顶端抵住右标点，底边与水平线重合，经标点沿着斜边向上画线，两条线交于一点（图3-10），所围成的就是等边三角形（图3-11）。

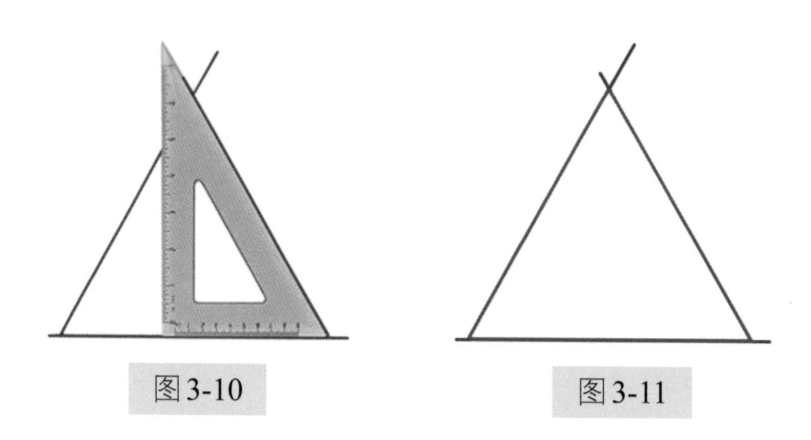
图3-10　图3-11

·用量角器画

相比三角板，量角器可以画出多种角度的角，是画角的专用工具（图3-12）。

① 画一条长于12厘米的水平线，在线的左边标上一个点，将量角器中心与左标点重合（图3-13）；

② 找到向右开口60度的位置，用笔标记（图3-14）；

③ 移开量角器，从左标点到60度角标点画长于12厘米的直线（图3-15）；

④ 从左标点算起，在水平线上向右找到12厘米并画点标记（图3-16）；

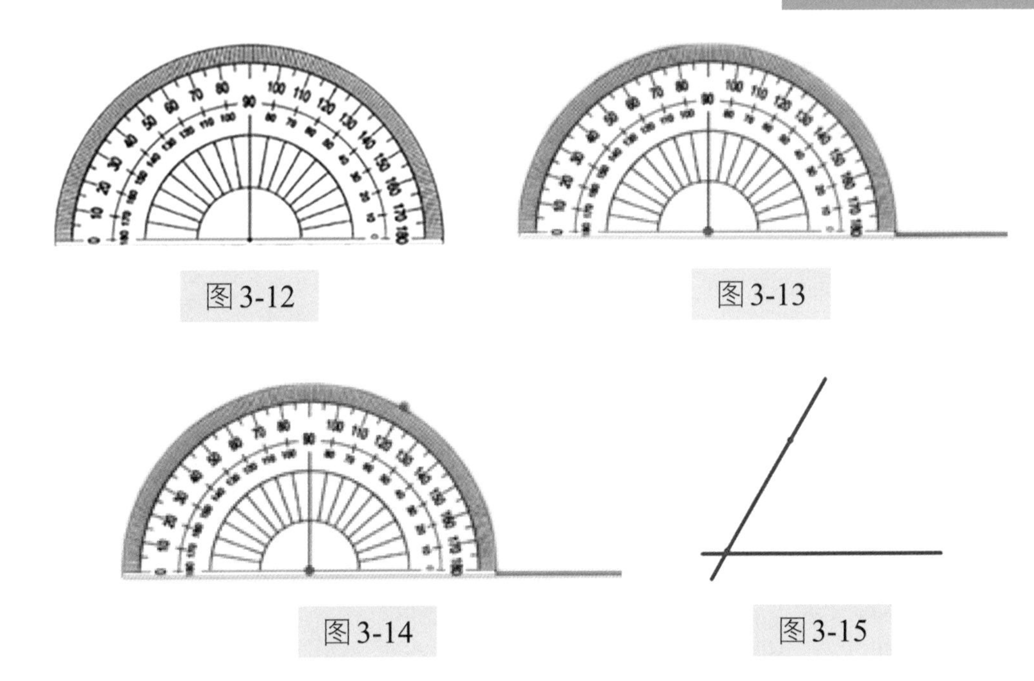

图3-12　图3-13

图3-14　图3-15

⑤ 再把量角器底边与水平线重合，中心与右标点重合，找到向左开口60度的位置，然后标记（图3–16）；

⑥ 移去量角器，经过右标点及60度角标点画直线（图3–17），三条线围成的即等边三角形。

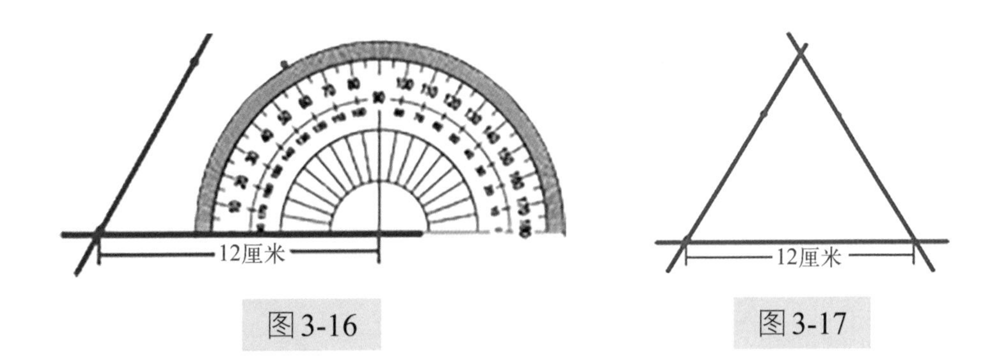

图3-16　图3-17

• 用直尺画

直尺本是画直线、量长短的工具，画出三条两两相交的直线，就可以画出一个任意三角形，但如何画等边三角形呢？方法如下：

① 画一条长于12厘米的水平线，截取三角形底边长12厘米，在

两端做标记（图3–18）；

② 找到底边的中点，用直尺通过中点画垂直线（方法：整厘米数中间都有一条断开的线，将这条线与底边重合，经过中点画出的线即为垂直线）（图3–19）；

③ 直尺的“0”刻度点抵住左标点，以此为圆心，以12厘米为半径转动直尺，直到直尺刻度点“12”所指与垂直线相交，做上标记，然后用直尺连接两个标记点（图3–20）；

④ 再连接右标点与垂直线上的标记点（图3–21、图3–22），完成（图3–23）。

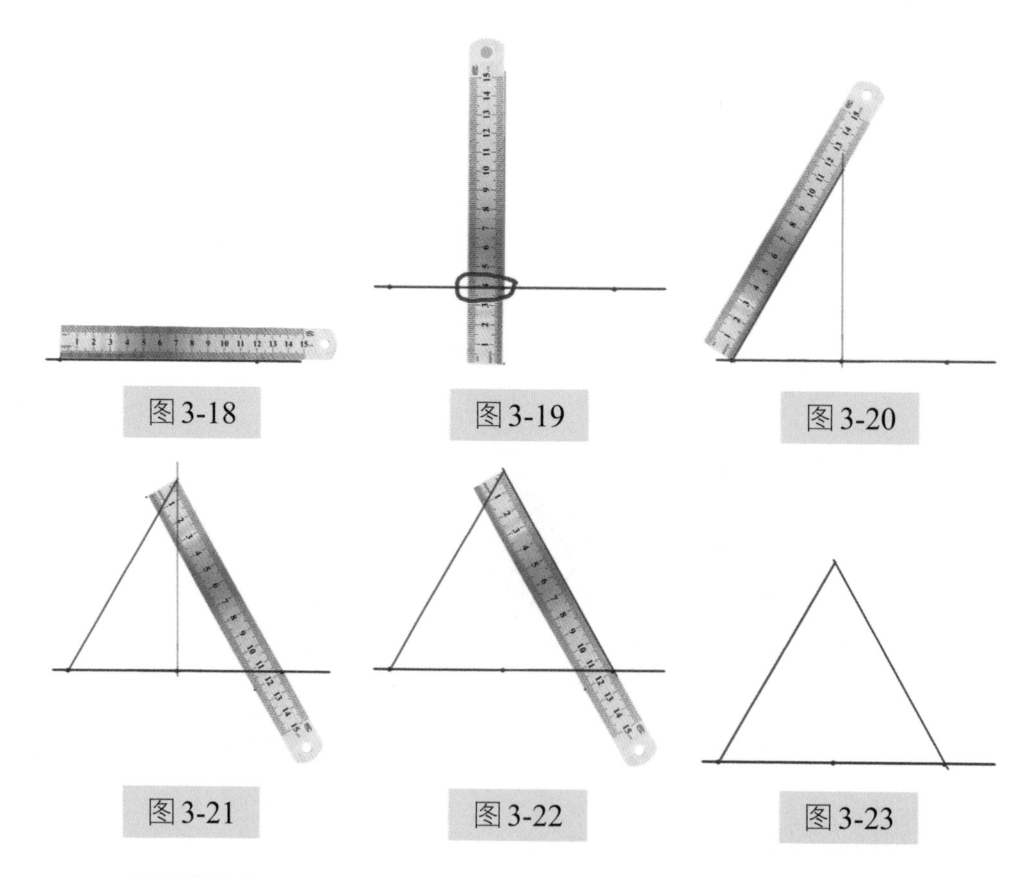

图3-18 图3-19 图3-20

图3-21 图3-22 图3-23

• 用圆规画

圆规是画圆的工具，也能画等边三角形，并且是四个方法中最快捷和最有趣的方法：

① 画一条12厘米的直线，将圆规两脚距离固定在12厘米（图3–24）；

图3-24

② 分别以直线的左右端点为圆心在其上方画弧，两弧相交于一点（图3–25），然后将其与左右两个标记点连接，三角形画完（图3–26）。

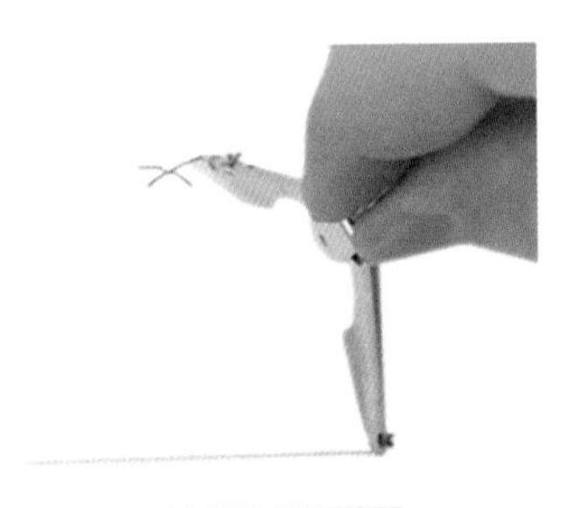

图3-25

图3-26

『工程（Engineering）指点』对于同一个问题，寻求不同的解决方案，然后选取最合适的一个方案，比如一题多解，是一种非常好的思维方式，心理学上叫作发散思维，希望读者在手工制作中有意识地培养这种创造性的思维能力。

『技术（Technology）指点』当然，这个机器人对三角形的形状没有严格的要求，读者还可以做成任意三角形或其他形状。但不管是什么形状，平面图形平移的概念必须落到实处，也就是折三根连杆时长短要一致，否则，机器人做出来也不会动。

（2）将四个三角形折叠在一起，用夹子夹紧，以防移动。用钉子或钻头在三角形三个角平分线2.5厘米处打孔（图3-27）。截取比电机轴稍粗、与纸板厚度相当的吸管两段，插入其中两个三角形的同一侧孔内并粘牢，准备安在电机轴上起轴承作用（图3-28）。

图3-27

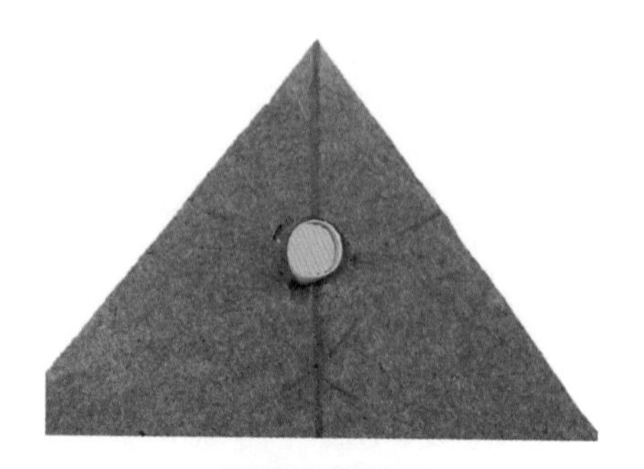

图3-28

『知识拓展』角平分线：从一个角的顶点引出一条射线，把这个角分成两个相等的角，这条射线叫作这个角的角平分线。角平分线可以得到两个相等的角，且角平分线上的点到角两边的距离相等。

『数学（Mathematics）指点』画角平分线的方法很多，这里只简单介绍一种用圆规的画法：以角（AOB）顶点（O）为圆心，以圆规两脚任意长度为半径画弧，弧线与AO、BO相交后得两交点C和D，再以两交点为圆心，画两相交的弧线，得一交点P，将交点P与角顶点（O）相连，即得角平分线（图3–29）。

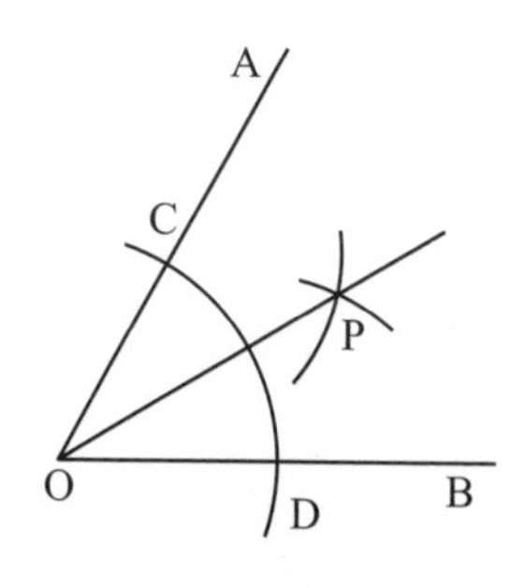

图3-29

『工程（Engineering）指点』在角平分线上以统一的长度打孔，可以确保四个全等的等边三角形纸板不论如何翻转，三个孔的位置始终与打孔时一致。如果随意确定孔位，又没做好标记，两侧对应的两孔就有可能错位，三根轴就有可能不平行。那么为什么要设置在2.5厘米处呢？这与电机大小有关，因为只有孔位距角顶点超过这个长度，本制作所选的减速电机才不会露在外面。如果电机轴插入孔中仍有部分露在三角形纸板外（图3-30），除了外观不好看，机器人的头部就没了选择余地，也就只能安装在这个部位了。当然，除了安电机的孔，其他两孔可以随意打，关键是两侧孔不能错位，机器人才会正常行走。

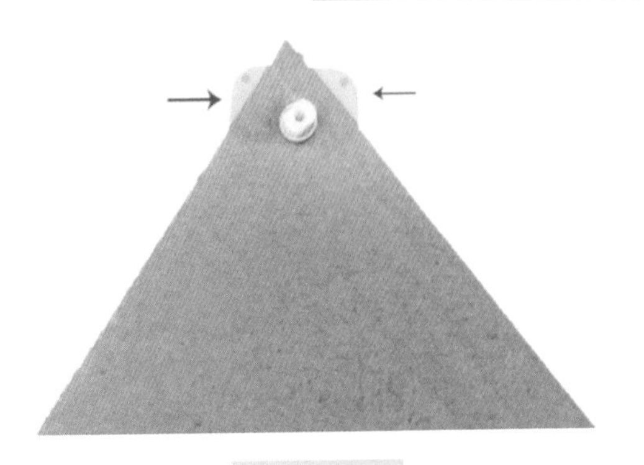

图3-30

『知识拓展』经过翻转、平移、旋转后，能够完全重合的两个三角形叫作全等三角形，这两个三角形的三条边及三个角都对应相等。

（3）截三段16厘米的细铁丝，将其中一段插入电机轴孔，利用焊接剂使铁丝不得在轴孔内旋转（图3-31）。

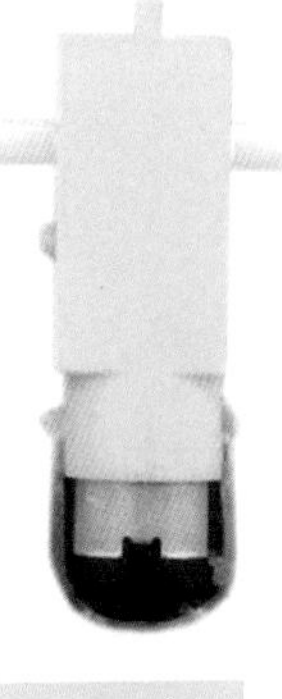

图3-31

（4）将两个粘好吸管的孔插在电机轴上，把电机转至三角形内，将三角形调整平行粘在电机两侧，再将两侧铁丝从轴的根部折成90度。剪取两段圆珠笔芯插入其余两组孔内并粘牢，剪去外面多余圆珠笔芯，并插入其余两根铁丝（图3-32）。

（5）将这两根铁丝的两端也折成90度角，成U形。折时注意：轴要直（图3-33），且长度与电机轴长度一致。两边折成的U形从侧面观察要在一个平面上（图3-34），三个U形要规范一致（图3-35）。

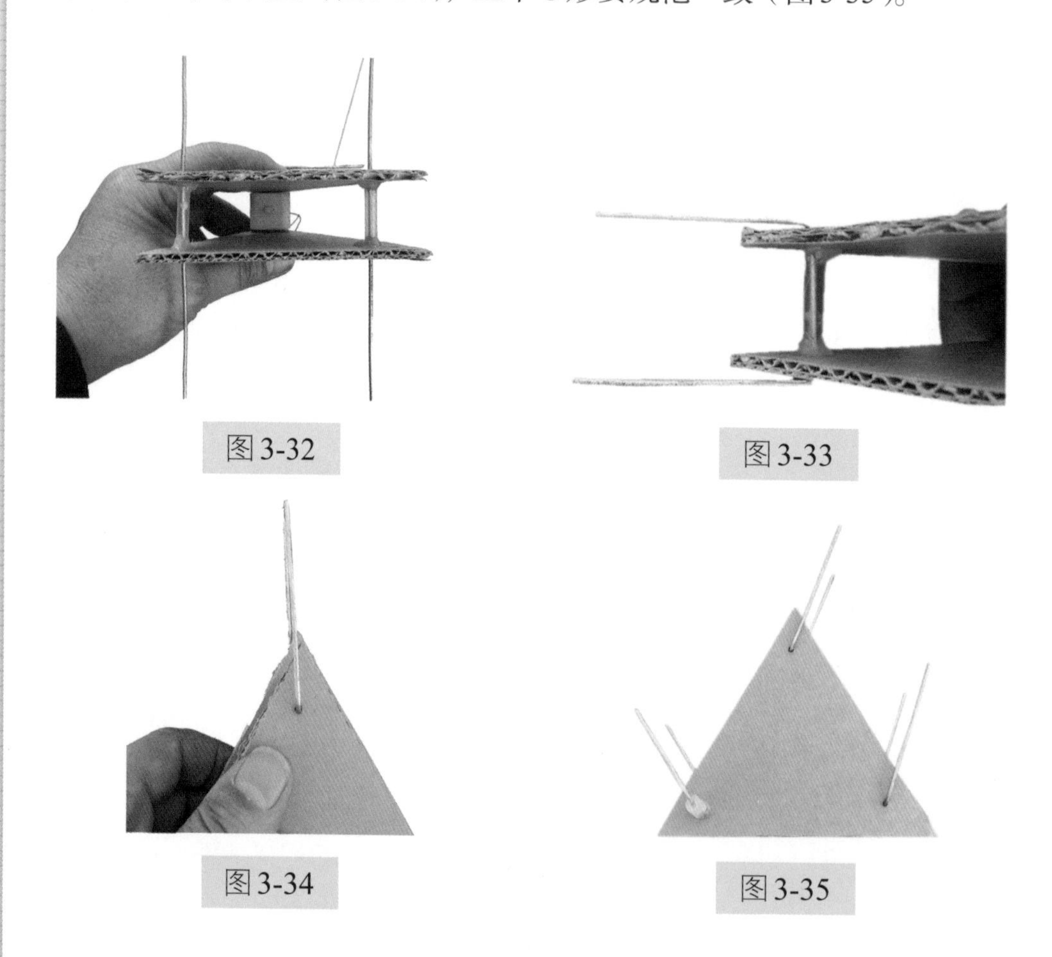

图3-32

图3-33

图3-34

图3-35

（6）按连杆同样的长度折出曲轴。

『技术（Technology）指点』这一步操作要特别注意，两侧共六根连杆的长度一定要保持一致。这六根连杆，就相当于六个圆的半径，可以想象，如果六个不同半径的圆同时转动，机器人该怎么行走。另外，六根连杆必须长短一致，这可以看作是三角形平移同样的距离，这样更好理解一些。

『科学（Science）指点』想要机器人行走的幅度大些，连杆就要长一些；如果希望机器人行走的频率快一些，连杆就做得短一些。就像两个耐力相同的人（相当于功率相同），一个长着大长腿，一步迈得很长（相当于幅度），但行动不灵活，单位时间内迈的步数就少（相当于频率）；另一个长着小短腿，一步迈得相对较短，但因行动灵活，单位时间内迈的步数就多。两人在同一时间段，走的里程是一样的。功率一定的前提下，速度和幅度是成反比的（本制作连杆为3厘米，见图3–36）。

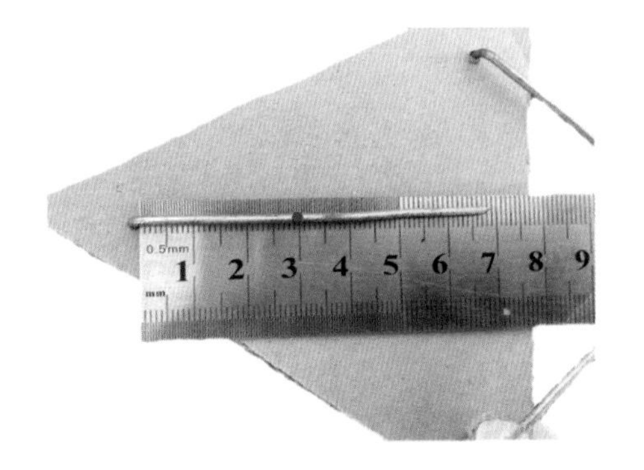

图3-36

『知识拓展』幅度、频率和功率都是物理学名词。

幅度是物体振动或摇摆所展开的宽度。

频率是单位时间内完成周期性变化的次数，是描述周期性运动频繁程度的物理量。

功率是指物体在单位时间内所做功的多少，是描述做功快慢的物理量。做功的数量一定，时间越短，功率就越大。

（7）观察每一组曲轴，要求在同一直线上，三组曲轴连成的线要互相平行（实线所示）。侧面粘上两块纸板，起加固作用（图3-37）。

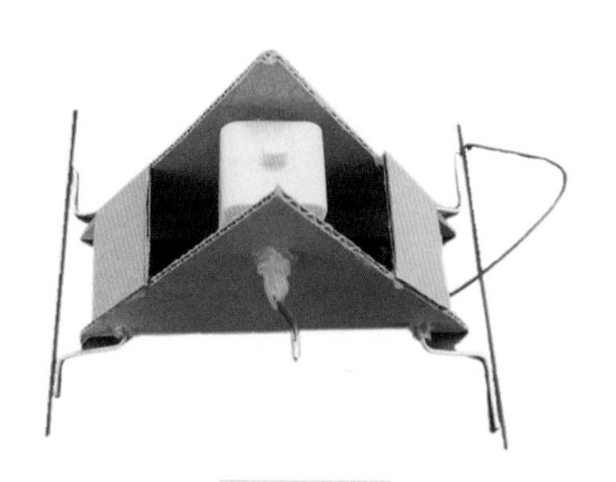

图3-37

『知识拓展』在同一平面内，永不相交的两条直线叫作平行线。平行线一定要在同一平面内定义，直线可以平行，曲线也可以平行，比如列车奔驰在铁轨上，有直行，也有转弯，两条铁轨是平行的。

（8）安装外侧两个三角形纸板。先将三组曲轴连杆转到同一方向，把另外两个三角形纸板标记号的角放在两侧同一位置，再依次将曲柄插入孔中（图3-38）。

图3-38

『技术（Technology）指点』在安装外侧三角形时，读者还可以把机器人做得更精致。截取比纸板厚度稍长一点的油笔芯，插入孔中，一来可以保护孔不被磨损，二来可以点一点儿润滑油，起到轴承的作用。

（9）将硬纸板剪出六个小圆形或正方形，插在曲轴上，外面用胶枪点胶固定，以防外侧三角形脱落，剪去多余的铁丝（图3-39）。

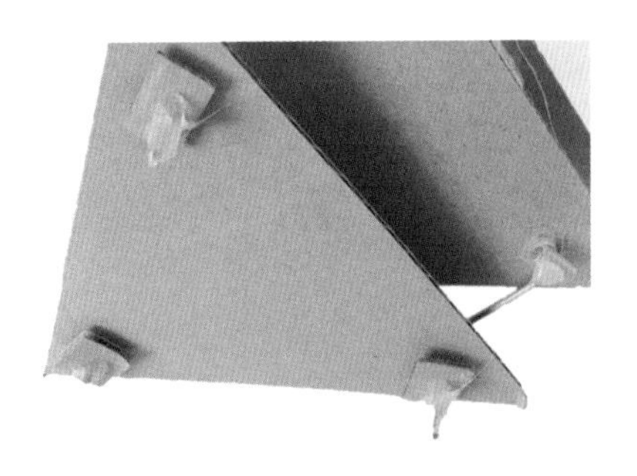

图3-39

（10）安装电池及开关。将电机与电池及开关用电线连好，在加固三角形的其中一块纸板上开一个安开关的长方形孔，然后将开关粘牢。把电池也粘在内部，再安装头部，这个机器人就制作完成了。

请打开开关，测试你的劳动成果吧（图3-40）！

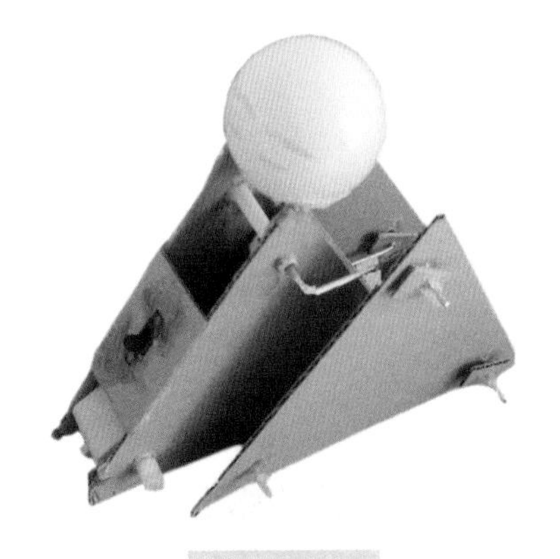

图3-40

『技术（Technology）指点』前面的制作中已提到，物体的重心越低，运动起来越稳，所以把电机设在底部，电池也放在机器人下方。另外，对于可充电电池，固定时还要记得方便日后充电。

『艺术（Art）指点』粘机器人的头部时，先打开开关观察机器人的行走方向。人在努力前行时，头总是会往前倾。如果要表现努力前行的样子，而头部笔直或向后仰着，看起来就不自然。

六、制作感悟

这个机器人用了不少数学和物理知识。重点是数学知识，重在能力的掌握；难点是物理知识，难在操作的精确。看着眼前的机器人一步一步向前走，读者一定会体会到：玩并不简单，做要有耐心，要想玩出智慧，做出学问，还要继续努力。

三角形机器人

【扫描以上二维码，观看成品视频】

No

Data

制作四

拉车机器人

——曲轴连杆机构让“机器人”健步如飞

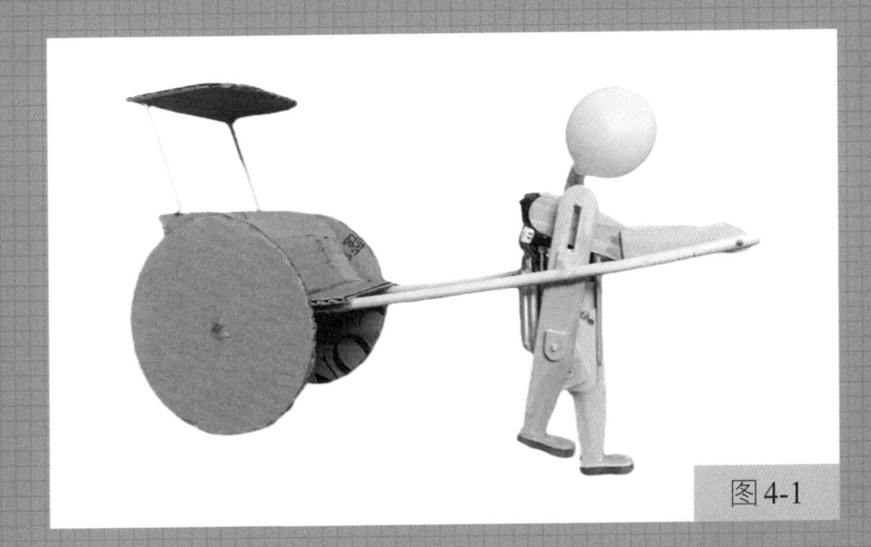

图4-1

本制作运用了曲轴连杆机构。曲轴连杆机构主要用在发动机中，如汽油发动机及蒸汽机。电机安装在机器人的身体里，动力就来源于机器人，自然就是名副其实的拉车机器人（图4−1）。

一、运动特点

前面制作的“快递小哥机器人”，电机是安装在车架上的，所以人就不会施力，只是摆了个花架子；而本制作，电机安装在“车夫”的身体里，动力就来源于“车夫”，自然就实现了名副其实的“人拉车”。

二、制作材料

电机、电池、开关、连接线、一次性筷子、雪糕棒、铁丝、硬纸板、粗吸管（能穿过一次性筷子）、棉签、乒乓球（图4-2）。

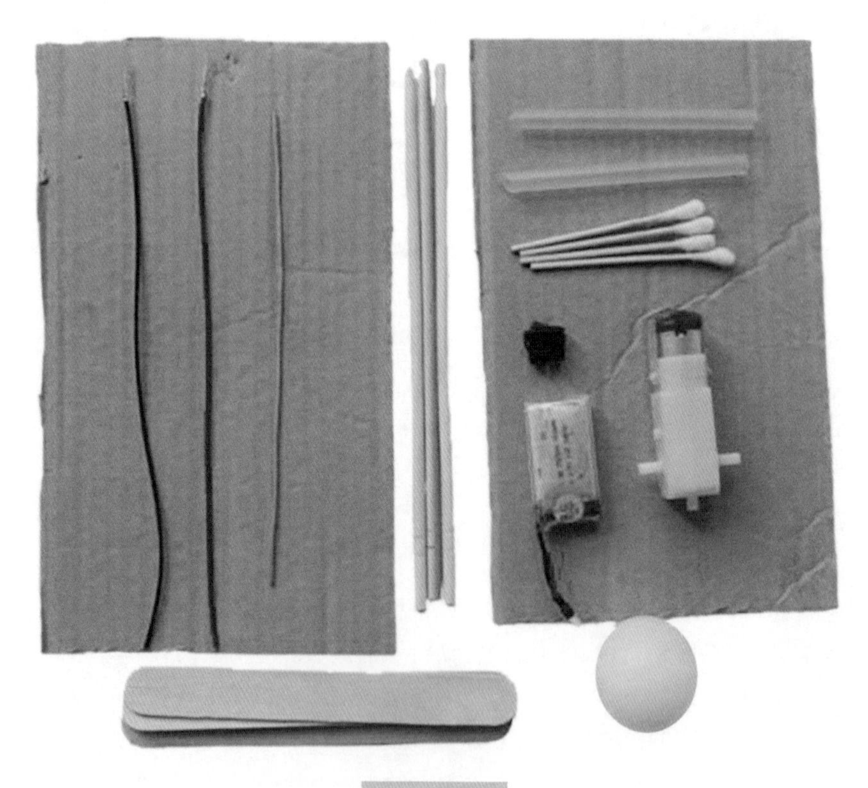

图4-2

三、制作工具

电烙铁、胶枪、钳子、电钻、圆规、直尺、美工刀、铅笔、焊接剂（图4-3）。

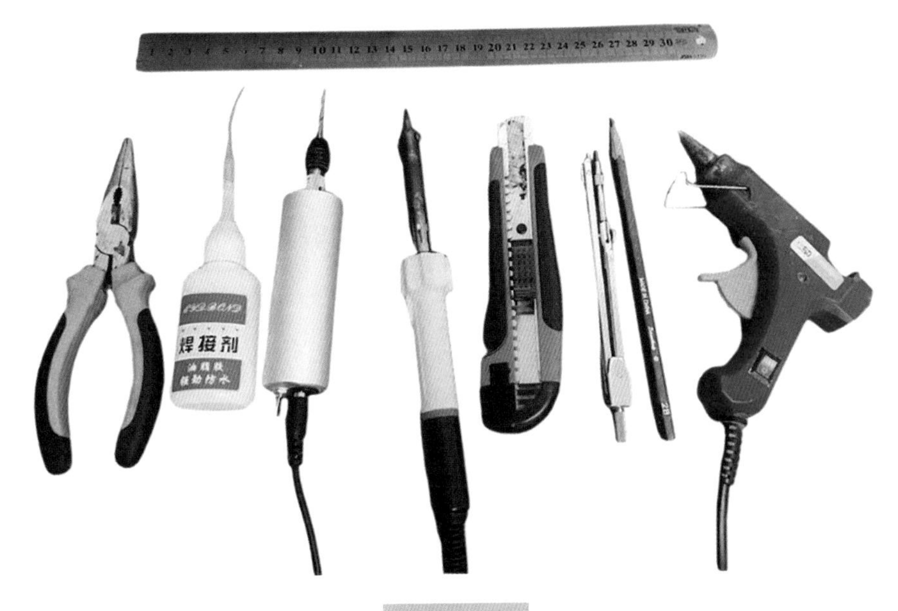

图4-3

四、工作原理

本制作运用了曲轴连杆机构。曲轴连杆机构主要用在发动机中，如汽油发动机及蒸汽机。气缸里的汽油燃烧使活塞做往复运动，然后曲轴做旋转运动，从而使车前行；蒸汽机是通过煤把水烧开，通过水蒸气推动曲轴连杆旋转。汽油发动机一般用于汽车；蒸汽机一般用于蒸汽火车，也就是原来的绿皮列车，随着科技的发展，这种列车已很少见，取而代之的是电气列车。

『科学（Science）指点』不同的发动机往往存在不同能量的转化。汽油发动机是将汽油燃烧后的化学能转换为机械能，蒸汽机是通过煤燃烧产生的化学能将水烧开，再将热能变成机械能。本制作是将电能转换成机械能。

『技术（Technology）指点』同是曲轴连杆机构，在汽车上的作用是让车轮旋转，在“车夫”身上却是迈步前行。汽车的动力来源于缸体，活塞在缸体内上下运动（为什么会运动，请阅读「知识拓展」部分），与活塞相连的连杆带动曲轴做旋转运动（图4–4）；车夫的动力来源于电机，电机带动曲轴旋转，与曲轴连接的连杆做前后运动（图4–5）。对比图4–4和图4–5可以看出，汽车发动机的活塞部位变成了固定车夫大腿的固定轴，大腿部位的槽在固定轴的规范下做上下运动，而汽车发动机的连杆下面“长”出的一截，就变成了车夫的小腿。电机带动曲轴做旋转运动时，就变成了脚部的抬、落、前、后运动。

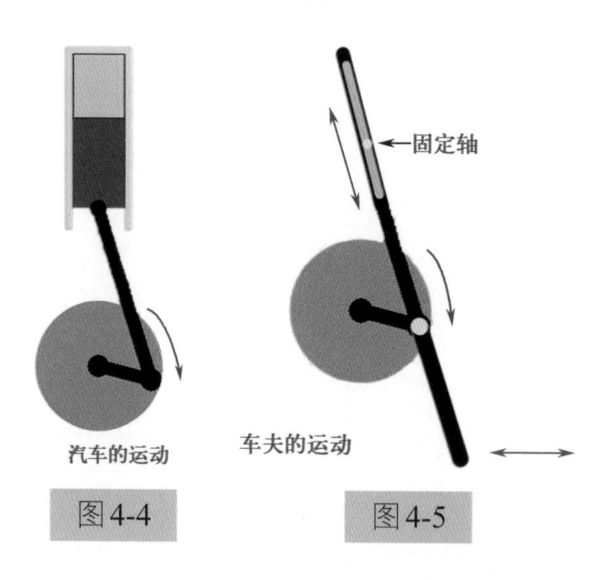

图4-4　　图4-5

『数学（Mathematics）指点』大腿上开槽是有讲究的，切不可盲目去开。槽开短了，电机的动力不能充分释放，腿下不去，上不来；槽开长了，不但费工费时，还影响腿的结实程度。

『知识拓展』曲轴连杆机构是发动机产生和输出动力的主要机构。在发动机工作过程中，燃料燃烧产生的气体压力作用在活塞顶上，推动活塞做往复直线运动，经活塞销、连杆和曲轴，将活塞的往复直线运动转换为车轮的旋转运动（图4−6）。

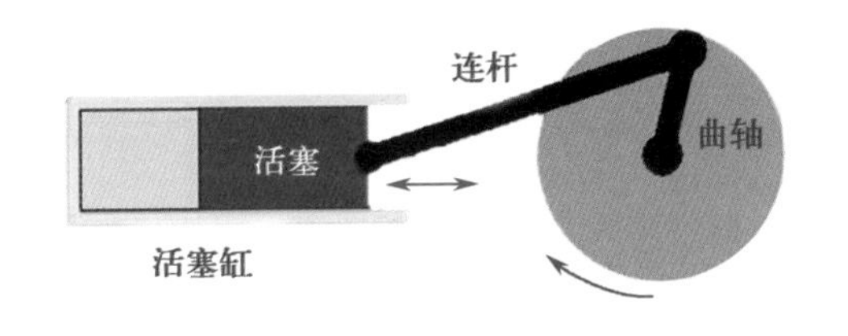

图4-6

五、制作过程：车夫+车

1. 车夫的制作

（1）将电机、开关用连接线焊接在一起，留下两头最后接电池（图4-7）。

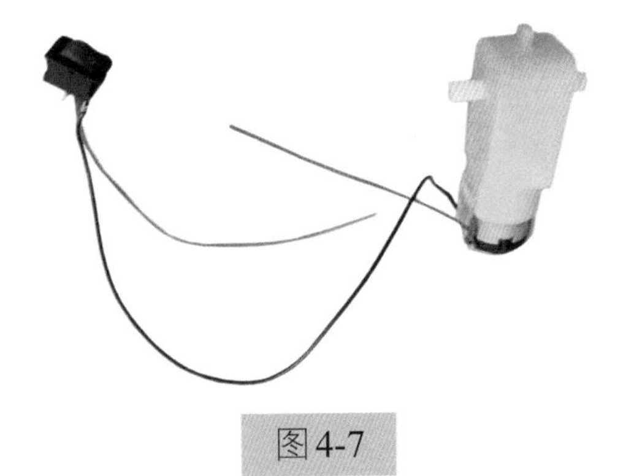

图4-7

（2）制作连杆。

① 取四段长2.5厘米的雪糕棒（图4-8），两个一组重叠粘牢。

② 钻两个孔，孔心距离1厘米，加工后如图4-9所示。

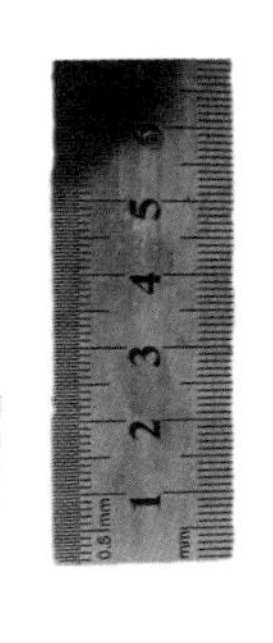

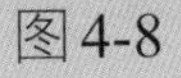

图4-8

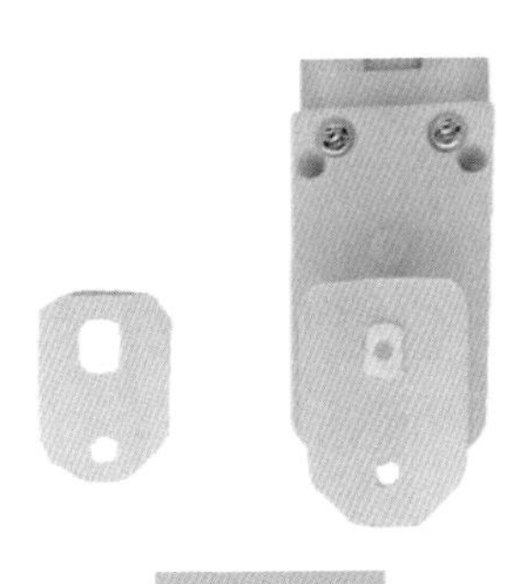

图4-9

『工程（Engineering）指点』制作连杆时，曲柄孔与轴心的距离长短，决定了车夫迈步的长短，距离长，迈的步大；距离短，迈的步小。

③ 取两段各长1.5厘米的铁丝（或棉签棒），垂直固定在小孔上（图4-10）。

『技术（Technology）指点』粘贴时曲柄外侧一定要平整，否则会影响腿的动作（图4-10）。

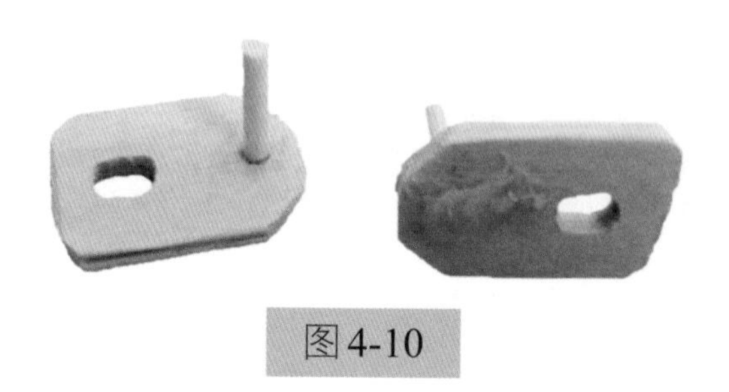

图4-10

④ 将曲轴连杆组件粘在电机轴两侧，曲柄上下相对（图4-11、图4-12）。

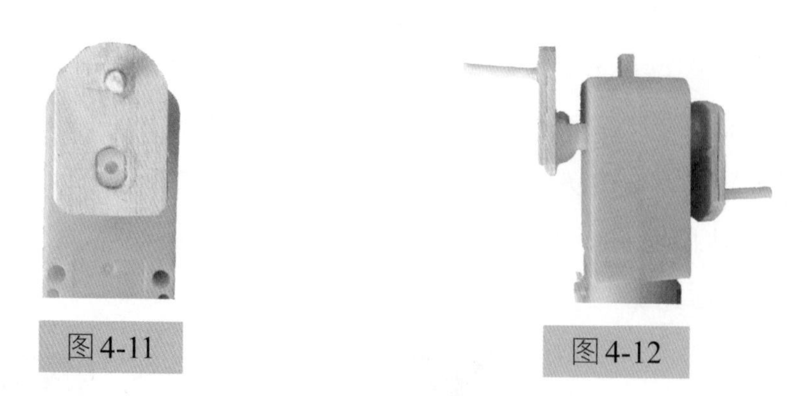

图4-11　　图4-12

（3）制作并安装肩部中轴。

① 取四段长1.5厘米的雪糕棒，两段一组粘牢（或厚度相当的薄木片），中间钻孔。

② 取长2厘米的棉签棒，穿入孔中并垂直粘牢（图4-13），然后粘于电机两侧，保证两侧轴在一条线上（图4-14）。

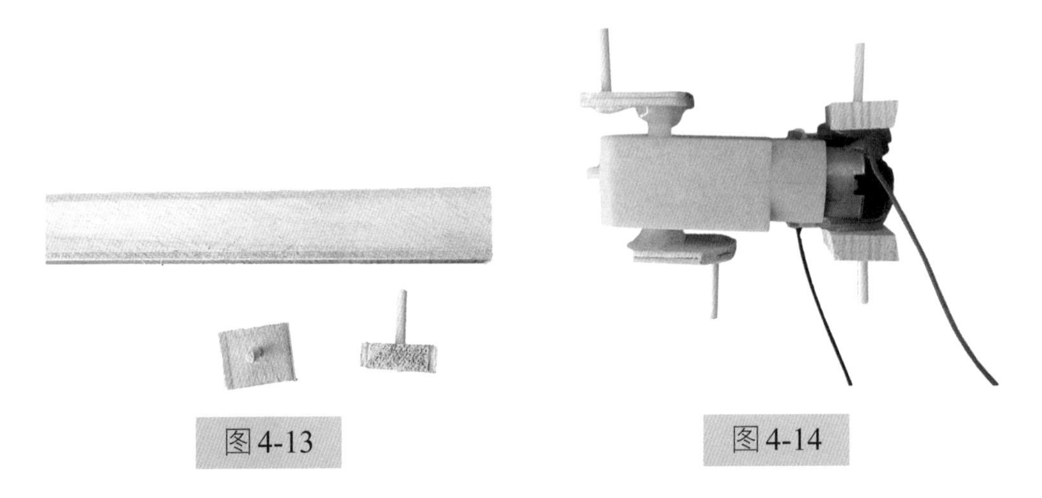

图4-13　　图4-14

（4）取一根宽雪糕棒分成两份，按图4-15所示粘在电机两侧，量好前后尺寸后，截取雪糕棒将上面盖上（图4-16）。

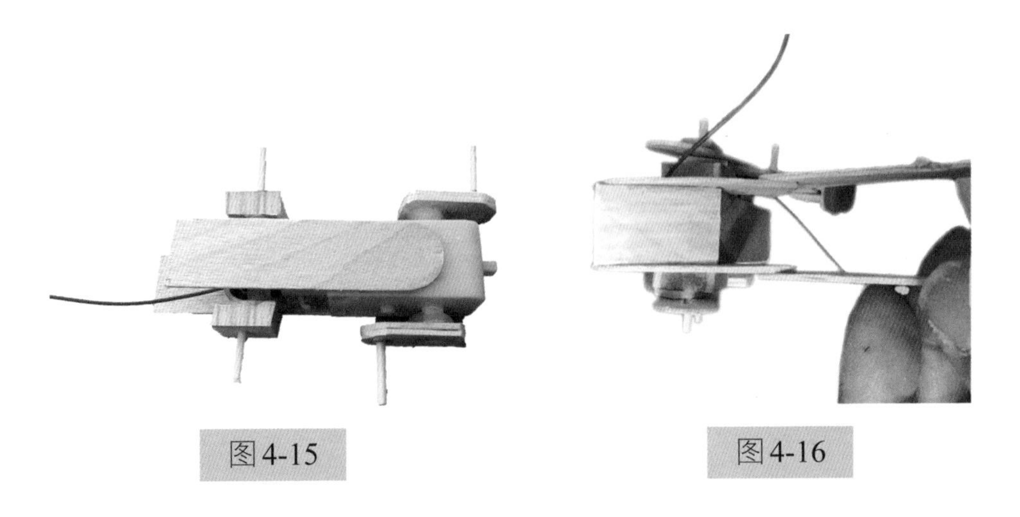

图4-15　　图4-16

『艺术（Art）指点』雪糕棒露出部分应前低后高，这样肩部才会有一个角度，使后面将要粘的头部向前倾斜，才更符合车夫前行时用力的状态。

（5）制作并安装双腿。取两根宽雪糕棒，截取11厘米备用（图4-17）。

『技术（Technology）指点』还记得前面「数学（Mathematics）指点」中所提示的，腿部槽的长短和中间孔的位置，不是随意安排的。如下办法，供读者参考。

① 将圆头朝上，在下面1厘米处打孔（图4–17）。

② 把曲轴转在身体侧面中线上，并与中轴成一条线，这时两侧轴间距离为一侧最短，另一侧最长（图4–18）。

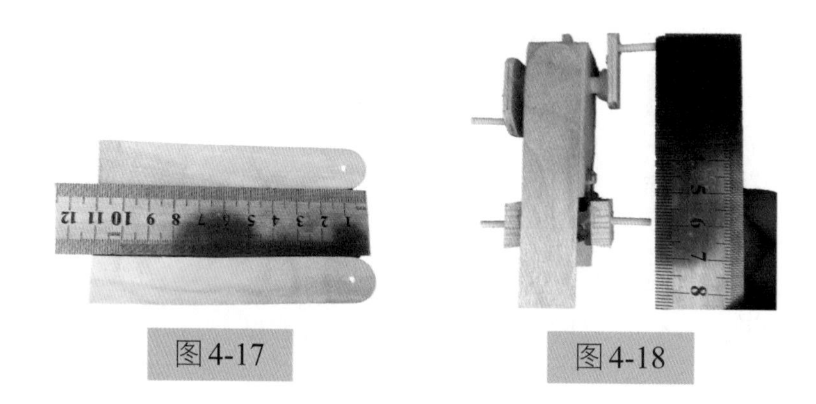

图4-17　　图4-18

③ 用直尺量两侧轴间距离（图4–18、图4–19），它们的差就是要开的槽的长度，从图4–20中知，长度应为2.5厘米，为了让活动有点余地，开的槽要稍长一些。

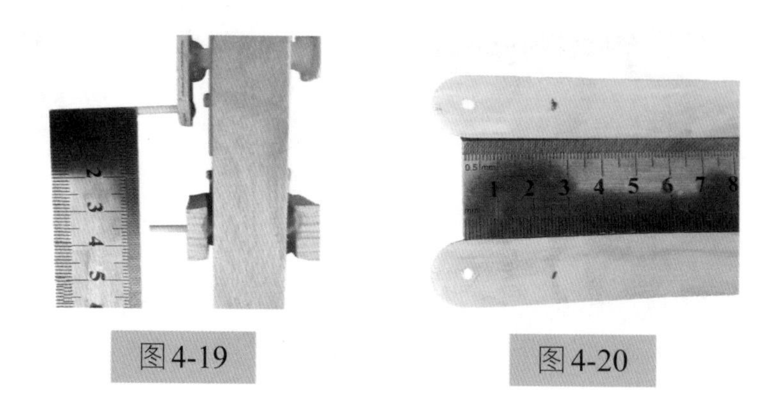

图4-19　　图4-20

④ 在所标位置打孔，然后用美工刀开槽，注意安全，该槽要直，不要宽，轴在槽内活动自如即可（图4–21、图4–22）。

⑤ 找到曲轴的位置并钻孔。

有两个方法找到孔位，先将电机如图4–23所示放置。方法一：以

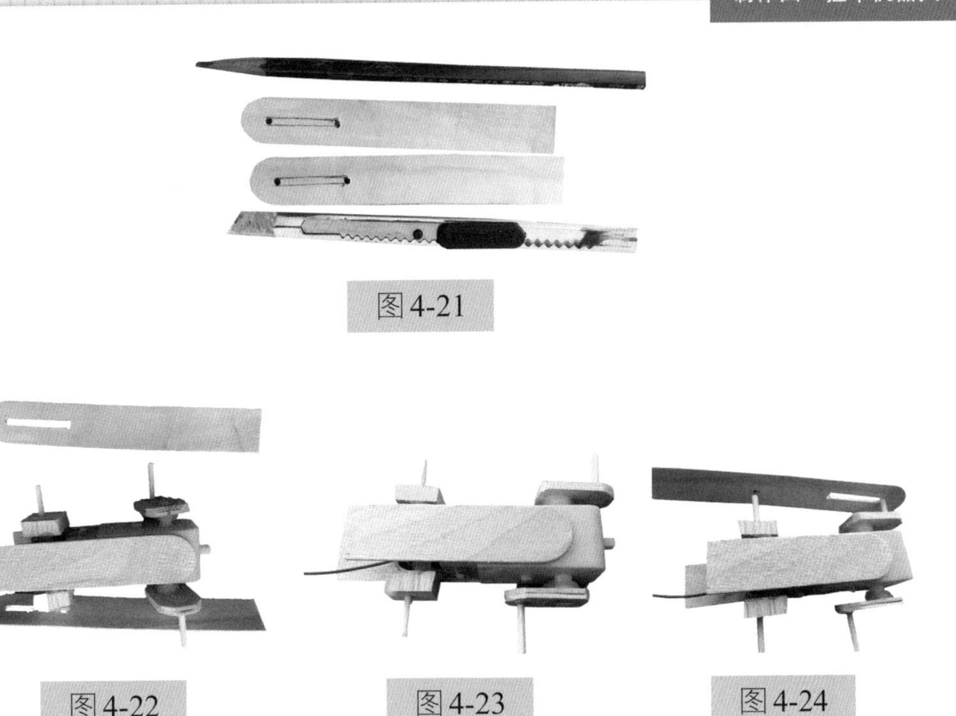

图4-21

图4-22　图4-23　图4-24

轴间距离宽的一面为例，先将槽的顶端抵在曲轴上，中轴所指位置即曲轴孔位（图4–24）。方法二：以轴间距离窄的一侧为例，先将曲轴抵住槽的下端，中轴所指即曲轴孔位（图4–25）。两种方法选一即可。完成后，将腿安装在两侧。轴与孔的位置关系是：图4–26中轴间距最宽，中轴在槽顶部，图4–27中轴间距最窄，中轴在槽底部，如果卡得太紧，将槽再加长一些。

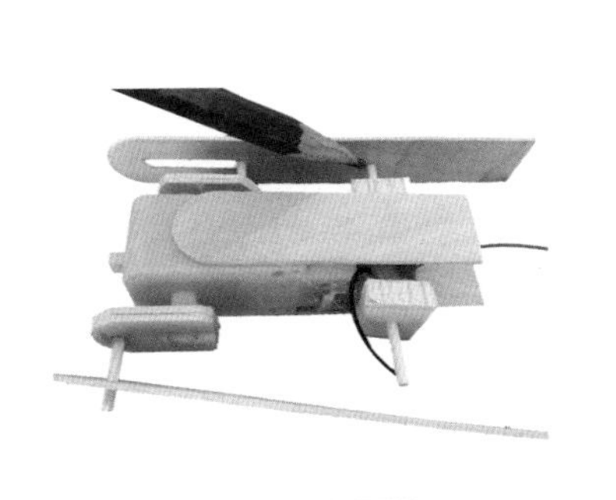

图4-25

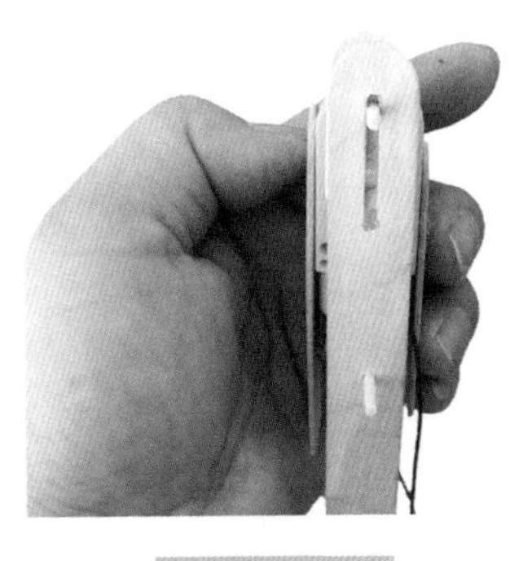

图4-26

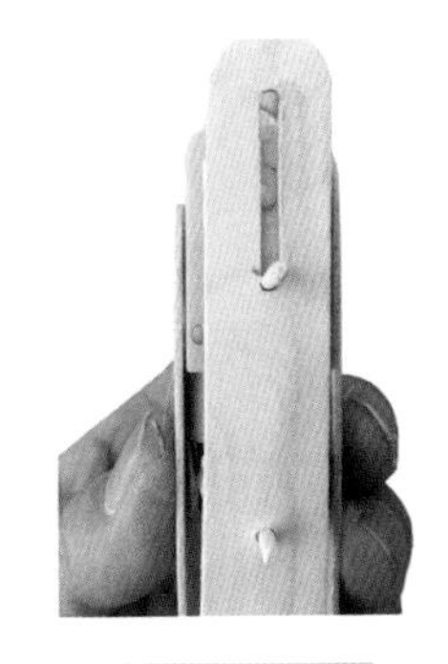

图4-27

⑥在一根窄的雪糕棒上打四个孔，再断开，做成轴挡片（图4–28）。

图4-28

正面观察，如果觉得双腿不平行（图4–29），可先在轴内衬个垫片，使其平行（图4–30），然后再粘外挡片。粘时注意只粘挡片与轴，要保持两腿活动自如。

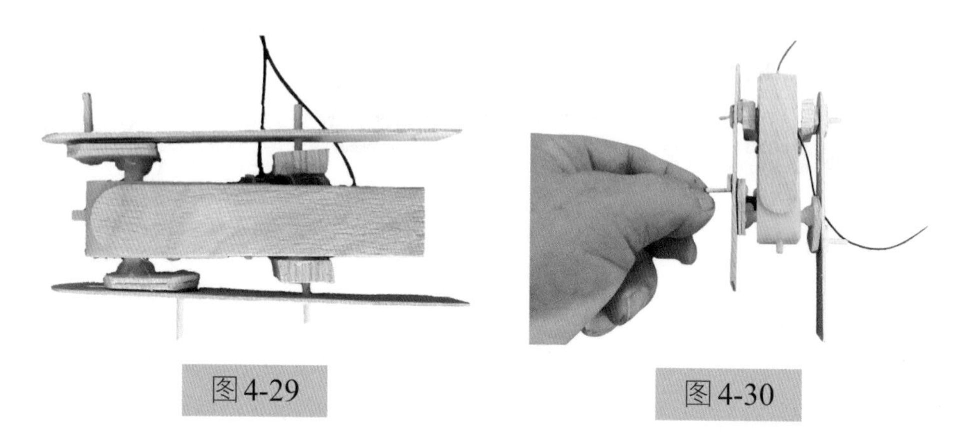

图4-29　　图4-30

『艺术（Art）指点』可先把手臂和腿各部分画在雪糕棒上，再加工，使机器人不但能动，还尽量好看。

（6）制作并安装手臂。

取四段长5厘米宽雪糕棒（图4-31），粘接加工成手臂形，并在手的位置打孔（图4-32），粘在肩膀两侧（图4-33）。

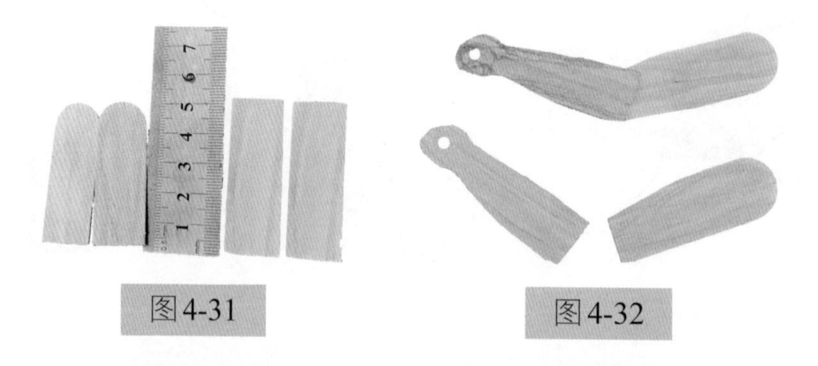

图4-31　　图4-32

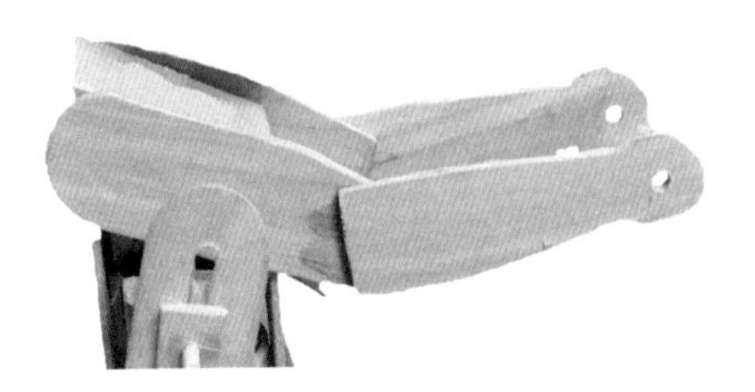

图4-33

（7）制作并安装脚。

① 取两段2.5厘米宽雪糕棒，加工成脚的形状（图4-34）。

② 为了机器人行走效果更好，可以增大脚底与地面的摩擦力，办法：用胶枪在脚底打上一层胶且不要抹平，笔者是用皮筋剪成脚的形状然后粘在脚底（图4-35），读者还可以想其他办法（可参考制作七相关内容）。然后把双脚粘在腿部相应的位置。

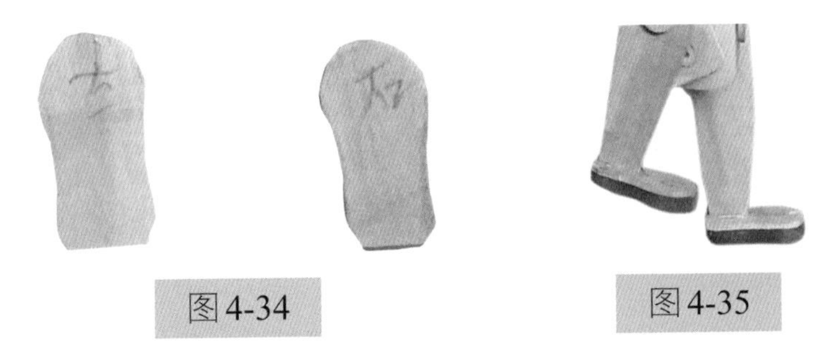

图4-34　　图4-35

（8）安装脖子和头部。取吸管2厘米，两头斜切，粘在脖子的位置，将头部粘在脖子上（图4-36、图4-37）。为了增加机器人行走时的动态效果，读者还可以用软一点儿的弹簧做脖子。

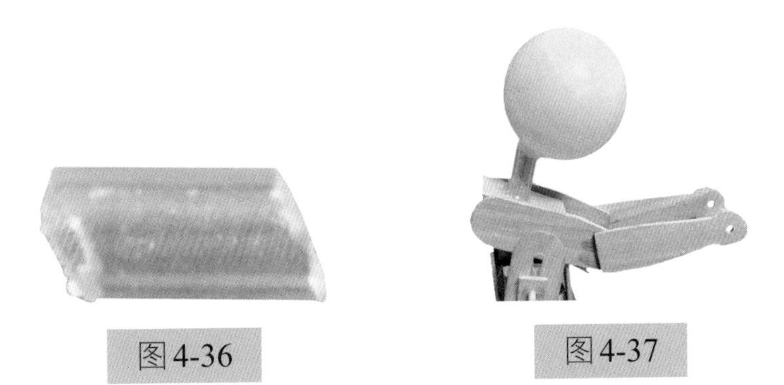

图4-36　　图4-37

（9）将电池、开关粘在后背，接好电路并粘牢，做到干净利落（图4-38）。

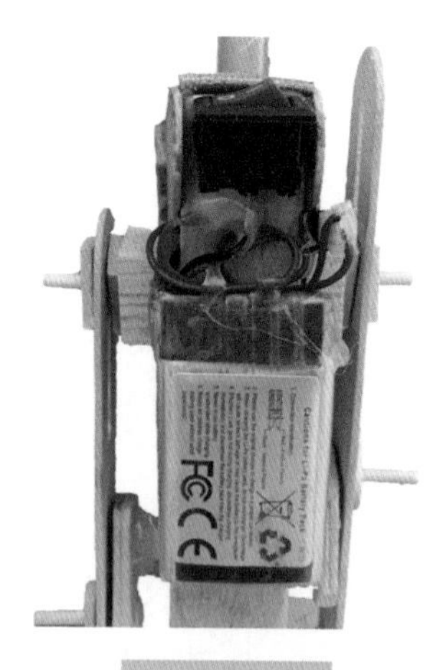

图4-38

『技术（Technology）指点』固定电路时，必须先测一下电机转的方向，要保证人是向前走的。

2. 车的制作

（1）制作车轮。

① 在硬纸板上用圆规画半径为5厘米的两个圆并取下（图4-39）；

② 用胶枪在圆边上一圈胶（图4-40），以增加车轮的摩擦力；

③ 取可穿过筷子的吸管7厘米，筷子8.5厘米（图4-41）；

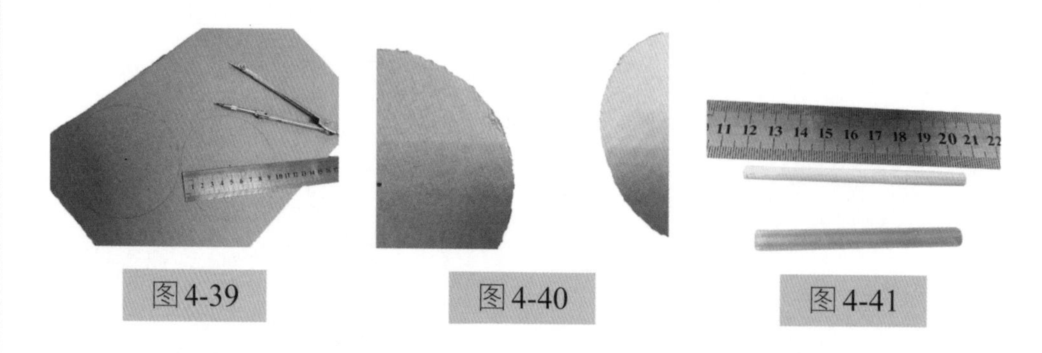

图4-39　　图4-40　　图4-41

④ 将筷子穿入吸管，两端平分，取0.3厘米的吸管两段，套在筷子两端并从外面将吸管与筷子粘牢，要保证车轴活动自如（图4-42）；

⑤ 将筷子两端垂直粘在两轮圆心上，要保持两轮的平行（图4-43）。

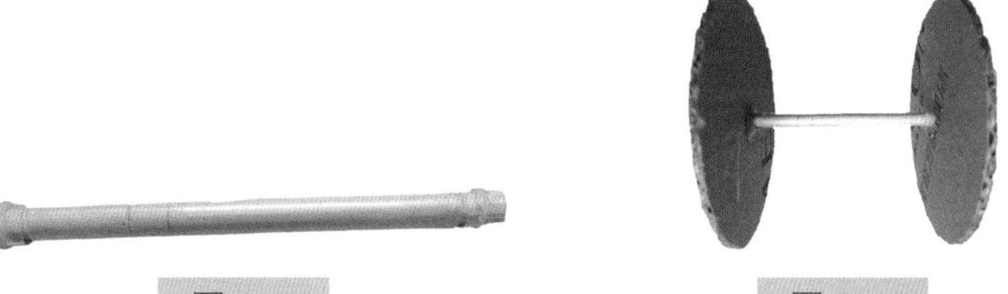

图4-42　　图4-43

（2）制作车架。

① 取7厘米×12厘米纸板，折弯做车底和后背面（图4-44、图4-45）。

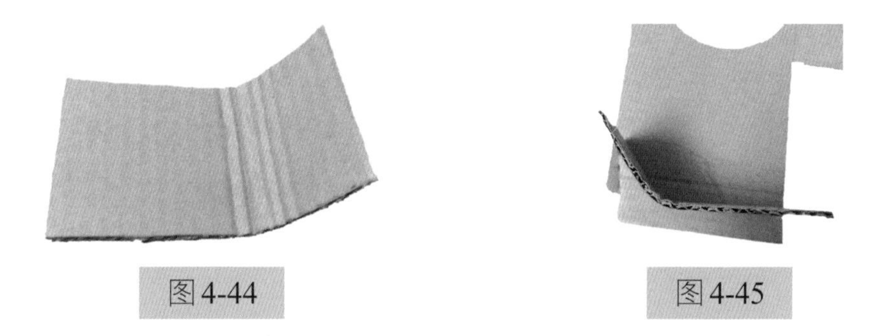

图4-44　　图4-45

② 画出侧围，复制成两份，并与车底和后背面相粘（图4-46、图4-47）。

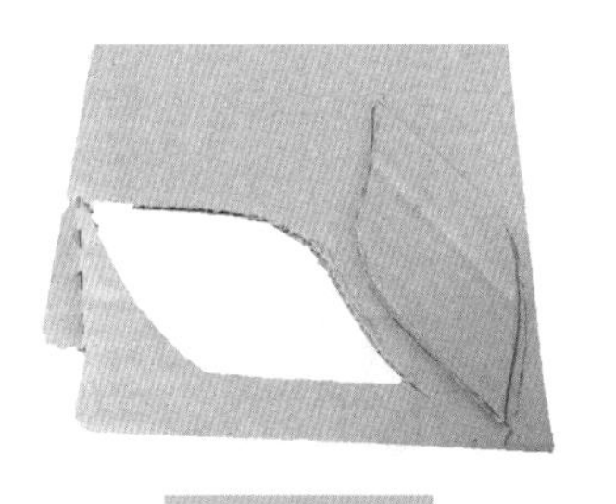

图4-46

图4-47

③ 取一块6.5厘米×7厘米的纸板，折弯塞进车内做成座椅，粘在车上（图4-48 ~图4-50）。

④ 取筷子6厘米，粘在车轴的位置，并安装车轮（图4-51、图4-52）。

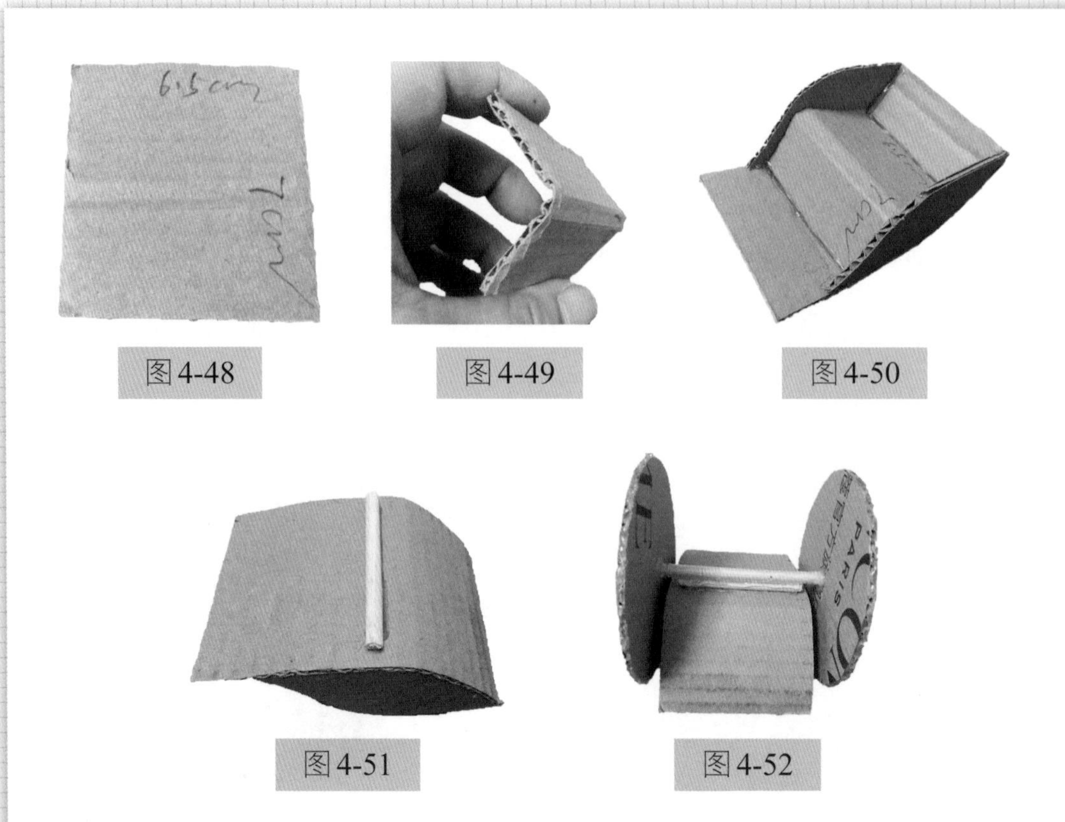

图4-48　图4-49　图4-50

图4-51　图4-52

⑤ 将两根筷子粘在车底作为车辕（图4-53），截取10厘米铁丝从车夫双手的孔中穿过，将铁丝两头粘在车辕上，调整好车夫走路的姿势，再将车夫身体两侧与车辕粘牢（只有这样才能保证车夫正常的拉车姿势）（图4-54）。

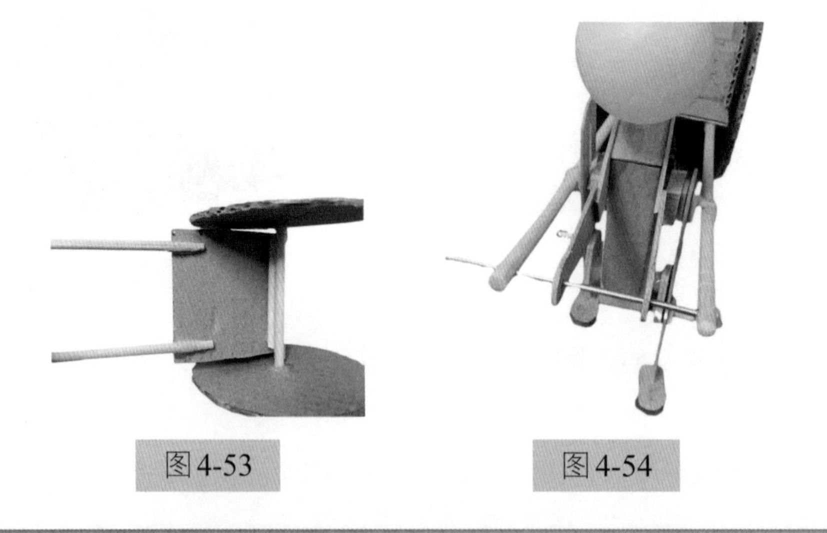

图4-53　图4-54

『数学（Mathematics）指点』为什么必须将车夫身体两侧与车辕粘牢呢？从图4-55来分析，A点是前臂与肩部的固定点，B点是手与铁丝的固定点。如果没有第三点的固定，车夫是不会正常站立行走的。因为两个点可以画一条线，三个点可以决定一个平面，这三个点连起来，就是一个三角形。在这种平面图形中，三角形三条边首尾相接，天生具有稳固、坚定、耐压的特点，现实中凡是需要稳定结构的物体，如埃及金字塔、三脚架、起重机、屋顶、桥梁等，几乎都有三角形的影子。所以确定好车夫行走的姿势后，还要把身体两侧与车辕相交叉的地方（即C点）用胶枪粘牢，形成一个A、B、C三点闭合的三角形，车夫才能正常行走。

图4-55

⑥ 安装车遮阳顶。取两根棉签棒插在车侧边合适位置，粘牢后上面粘上纸板作车顶（图4-56、图4-57）。

图4-56

图4-57

⑦ 剪去铁丝、棉签棒多余的部分（图4-58），拉车机器人制作完成（图4-59）。

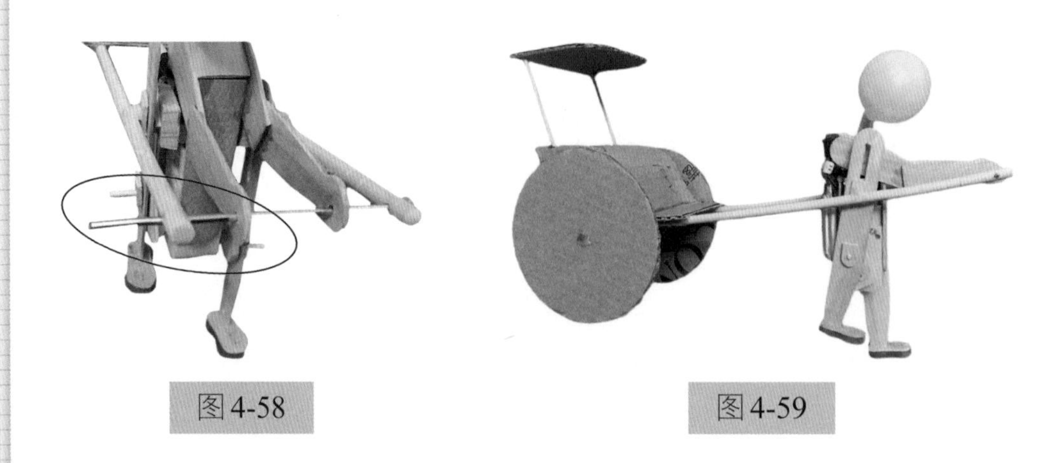
图4-58　　图4-59

六、制作感悟

（1）因为手臂有两个角度，即手臂与身体的角度和手臂两部分形成的角度，这两个角度受车辕长短和车轮大小的影响，所以前后臂连接部分最好做成活动关节，这样更容易将车夫设成拉车的自然状态。

（2）机器人处于静止状态时，如果两腿正处于一上一下的姿势，可能因整个机器人的重心不稳而侧翻；但如果打开开关让机器人动起来，侧翻现象就会消失。

拉车机器人

【扫描以上二维码，观看成品视频】

No

Data

制作五

大脚机器人

——曲轴连杆机构的又一个应用

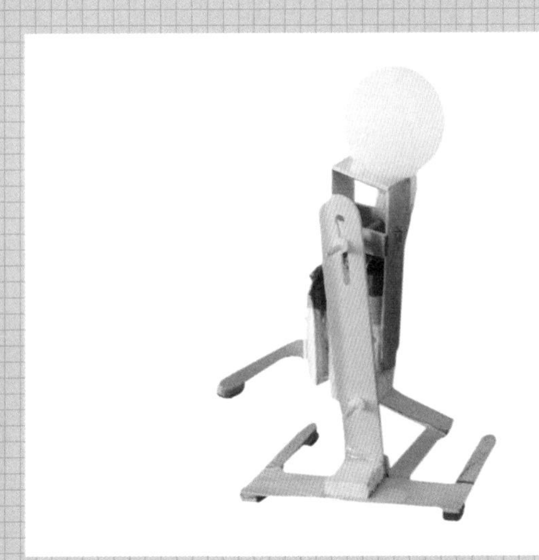

图 5-1

快递小哥自己不会动，车夫也不会独自行走。本制作试图通过一双“美丽的大脚”实现机器人真正意义上的站立或行走（图5-1）。但能实现吗？走起来是什么样子？大脚会不会互相磕绊呢？这些答案，在读者完成制作后，自然揭晓！

一、运动特点

让机器人独立行走是世界级难题，更不用说这样简单的机器人了。本制作设想通过给机器人安一双“大脚”来突破这一难题。脚大，与地面接触面积就大，自然就稳，但观察图5-1便知，制作这双中括号形“[ ]”结构的大脚，并不是随心所欲地加长加宽就能解决问题，其中还有很复杂的数学、物理知识。

『数学（Mathematics）指点』车夫和本制作的机械部分都用到了曲轴连杆机构，行走方式也一样，但原理不同。“车夫”能行走，是“车”给“夫”做了拐棍儿，它们谁也离不开谁：“车”没“夫”，自己不会走；“夫”没“车”，也不能正常行走。从数学的角度分析拉车机器人，有两个三角形决定了它能正常行走，第一个在制作四中已提过，不再重复。第二个三角形是车的两个轮子与地面接触的点和“车夫”行走时落地的那只“脚”构成的三角形（图5-2）。如果以仰视的角度看这个三角形，则如图5-3所示。前面分析的第一个三角形能保证车夫的行走姿势，第二个三角形则能保证整个机器人的正常运行。相比之下，大脚机器人没有其他辅助设备，就凭一双大脚实现了独立行走。

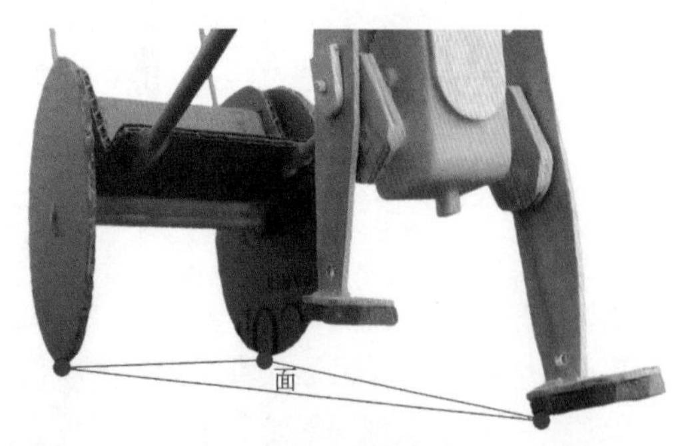

数学中有这样一条公理：不共线的3点确定一个平面，而且是唯一的一个平面。因为它是唯一的，所以此平面就是独立的、稳定的。

图5-2

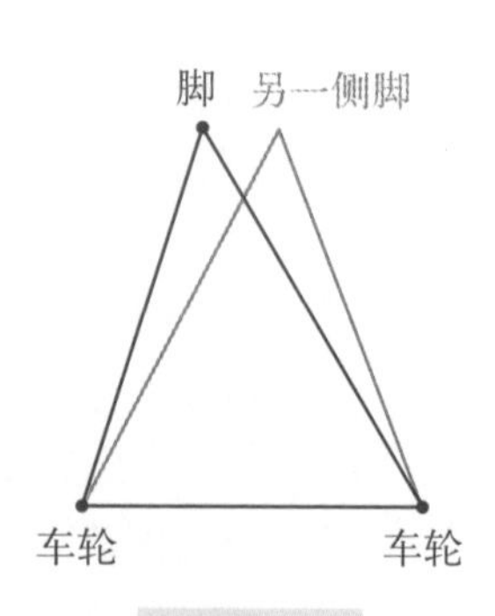

图5-3

大道至简，简单的表象背后，往往蕴含复杂的道理，请读者在制作过程中仔细体会。

二、制作材料

电机、电池、开关、连接线、雪糕棒（宽、窄）、棉签、细吸管、乒乓球（图5-4）。

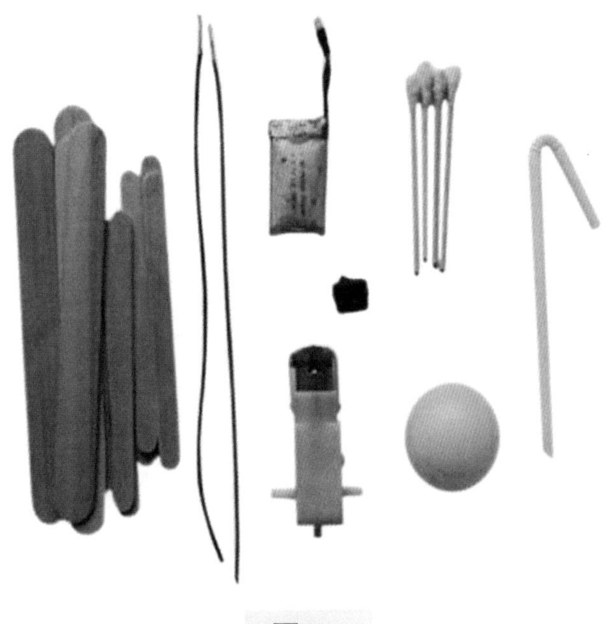

图5-4

三、制作工具

电烙铁、胶枪、钳子、电钻、圆规、直尺、美工刀、铅笔、焊接剂（图5-5）。

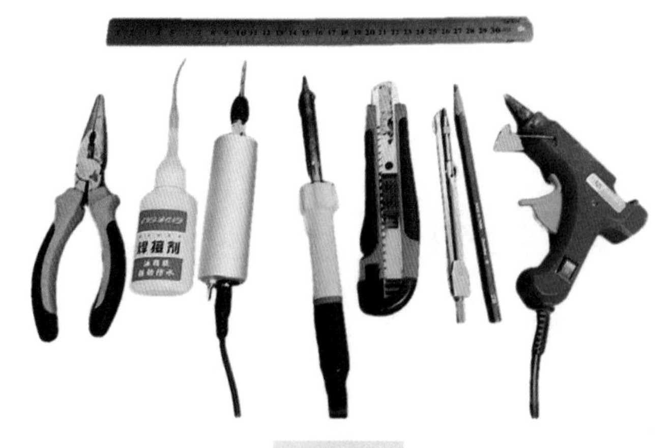

图5-5

四、工作原理

从直观上看，脚越大，站立或行走就越稳，但对于这个结构简单的机器人来说，并非如此。因为它不会主动转移重心，所以脚的宽度成为制作过程中的难点：宽度小一些，不足以支撑身体的重心，就会侧翻；宽度大一些，脚动时就会互相磕绊“打架”，根本不能行走。正常的人都会走路，但又有谁想过“我是怎样行走的”。读者在做这个机器人的过程中一定会悟出：看似十分平常的自由行走，放在机器人世界，实在是一件了不起的大事。由此可知，诸如多次亮相春晚的中国的优必选机器人以及美国的波士顿机器人在行动方面能达到惊人的程度，科学家要付出多大的努力（图5-6、图5-7）。我们要为人类无穷的智慧点赞！

优必选机器人

图5-6

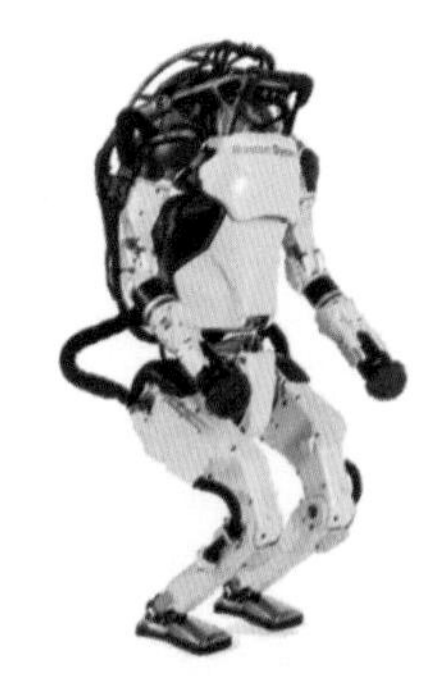

波士顿机器人

图5-7

『科学（Science）指点』脚大，落地面积就大，是稳的一个因素，但物体的重心才是更重要的一个因素。读者可以观察一下自己立正、行走和“金鸡独立”时重心位置的变化。立正姿势双脚落地，重心在人的中轴线上。行走时两只脚交替落地，身体会本能地倾向落地的那条腿，这时重心就会移向落地腿的一侧。待另一只脚落地时，重心又偏向另一侧。走路时，身体会不自觉地左右摆动，就是为了调节重心。而“金鸡独立”状态下，重心几乎就在落地的那条腿上，至于像迈克尔·杰克逊经典的舞姿，重心已偏移到身体之外（图5–8），现实中是不存在的。再看大脚机器人，身体根本不会随着行走而相应改变重心位置，要实现正常行走很难！所以，制作时，在保证腿部活动自如的前提下，身体尽量与两腿贴紧，也就是让重心尽可能贴近腿部。另外，电机尽量往下放置，以降低重心（图5–9）。不倒翁不会倒，就是因为重心低。

图5-8

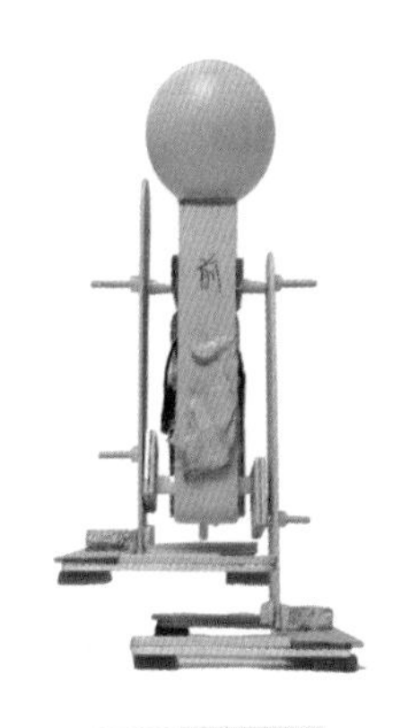

图5-9

『知识拓展』在物理学上，物体内各点所受的重力产生合力，这个合力的作用点叫作这个物体的重心；在几何学上，三角形三条中线相交于一点，这个点叫作三角形的重心；在生理学上，人在立正姿势下，重心就在人体中轴线肚脐眼上下的位置。任何物体都有重心。重心越高，稳定性越差。

『艺术（Art）指点』从审美的角度讲，物体重心的稳定与否，各具其美，稳如泰山是稳重的美，危如累卵是惊险的美。但相比之下，越是重心不稳的，越是受到人们的关注。《红楼梦》开篇的那块大石头，头重脚轻，却入名著之列；山下巨石，四平八稳，却无人问津。街上骑摩托车的人很多，但能让人留意的却很少；摩托车越野赛扣人心弦，就是由骑手在曲折的赛道上，不时将重心抛出老远所致。

『知识拓展』

迈克尔·杰克逊的45度角舞姿：

任何一个地球人都不可能不靠外力支撑而将身体倾斜45度，这是违背地心引力的。迈克尔·杰克逊之所以能做出倾斜45度的舞步动作，是他在鞋底和舞台某一点上“作弊”所致，为此，他还申请了专利。笔者看过他的表演，就觉得他的鞋底很厚，原来机关就在这里：脚后跟有一个锁定装置，舞台某一点上有一个钉子，当跳舞到这一点时，脚后跟的槽正好插在钉头里，脚和地面固定住了，他就可以做出这个动作了，这也就是为什么他的这个动作老是在一个地方。读者可以从网上找到相关视频研究一下。

五、制作过程

（1）将宽雪糕棒平分，平头朝上，粘在电机前后两侧，做机器人的前胸和后背。前胸的雪糕棒粘得稍低一些，以使头部向前倾，做出运动的样子。再用雪糕棒搭在前胸和后背上（图5-10）。电池及开关粘在后背上（这一步也可最后做）。

（2）取长2.5厘米窄雪糕棒两段，在中间打孔，粘在肩膀位置的两侧，在孔中插入棉签棒（图5-10、图5-11）。

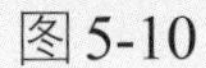

图5-10

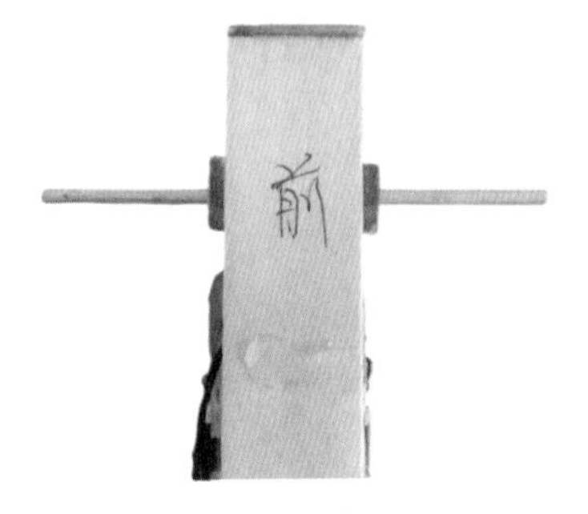

图5-11

（3）制作曲轴连杆。

① 取四段长2.5厘米宽雪糕棒，分两份重叠粘在一起（图5-12）。

② 钻一大一小两孔，孔心距离1厘米。大孔为长方形，方便插入电机轴（图5-13）。

③ 取两段各长1.5厘米的铁丝或棉签棒，垂直固定在小孔上（图5-14）。

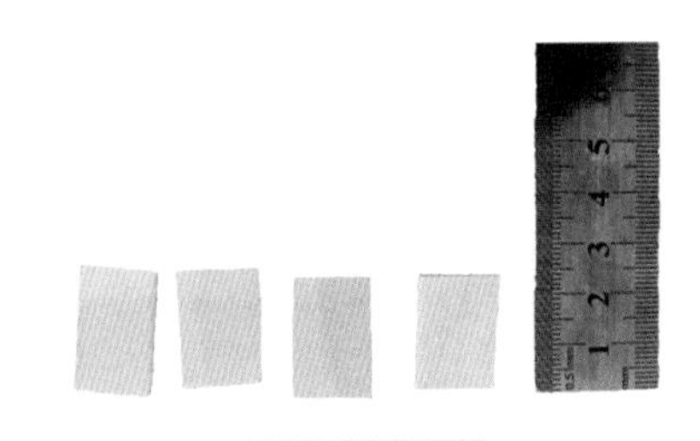

图5-12

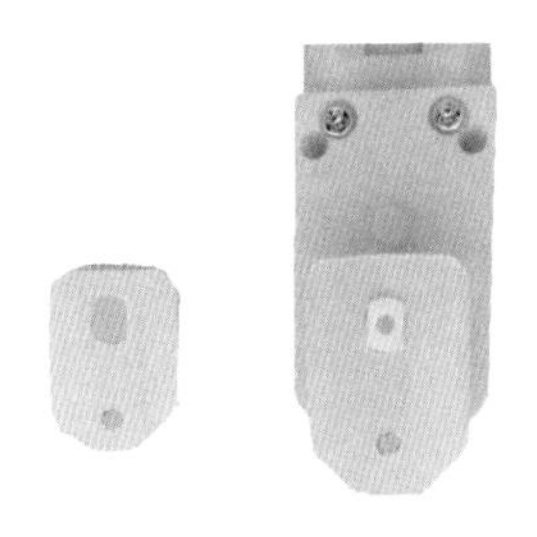

图5-13

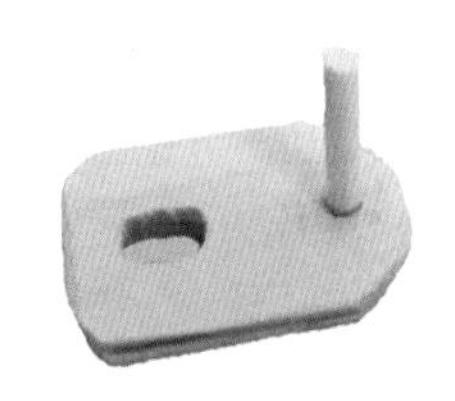

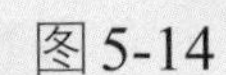

图5-14

④ 将曲轴连杆粘在电机轴两侧（图5-15）。可以在曲轴连杆内侧加固，外面要平，以免影响腿的运动。曲柄上下相对（图5-16）。

（4）制作双腿。

① 截取长11厘米的宽雪糕棒两根，磨平截面，在圆头处用与棉签棒相当粗细的钻头打孔（图5-17）。

② 将四根轴转在一个平面状态，分别测量两侧轴间距（图5-18、图5-19），两侧轴间距的差值即为腿上部开槽的长度（图5-20）（关于腿的制作，如有不明，请查阅“拉车机器人”相关内容）。

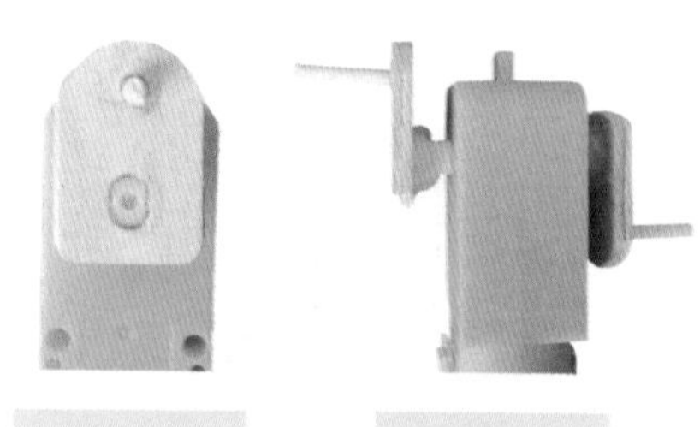

图5-15　图5-16

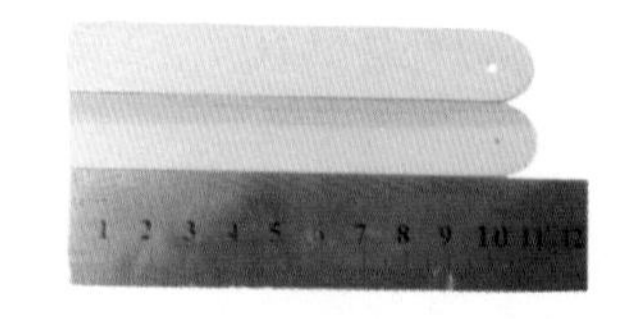

图5-17

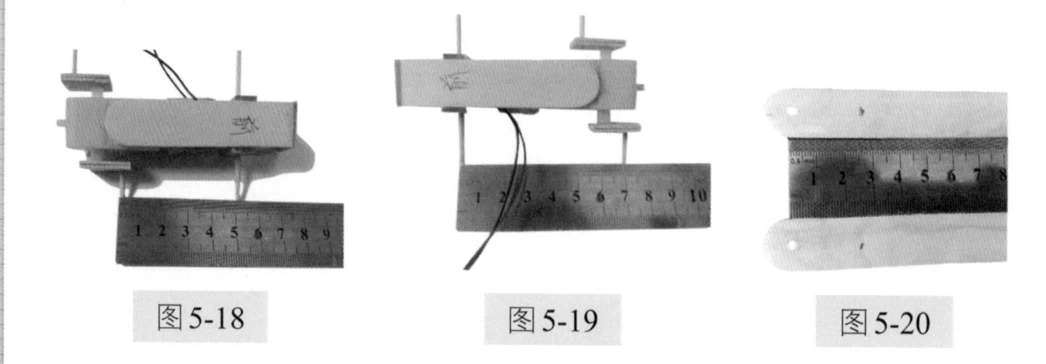

图5-18　图5-19　图5-20

③ 在标好槽的位置打孔，然后开槽，不可宽，使棉签棒在槽内能活动即可（图5-21）。

④ 找到曲轴在腿上的位置，并打孔。将槽插在曲柄上，按图5-22或图5-23的方法找到孔位，并打孔。

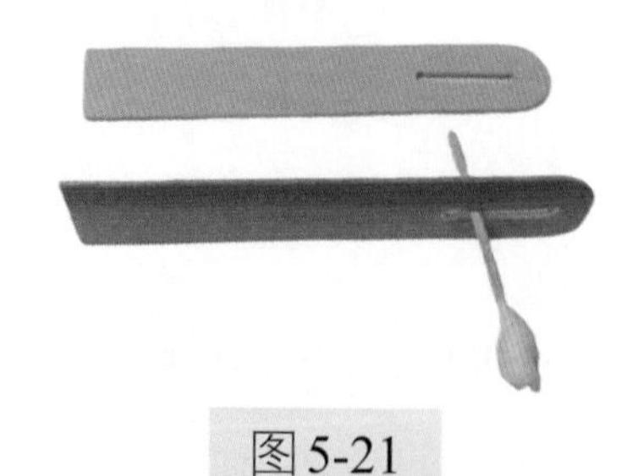

图5-21

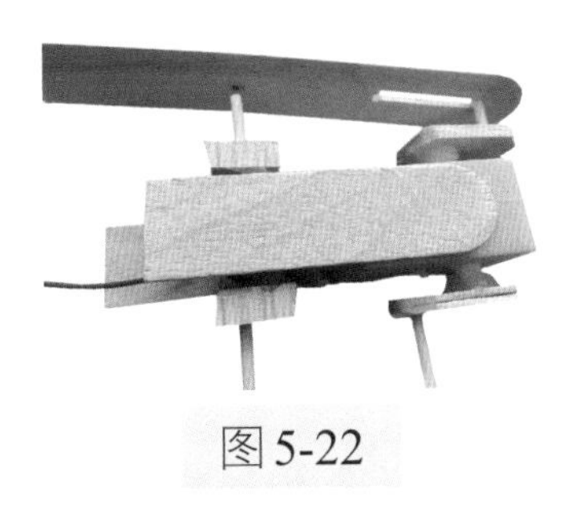

图5-22

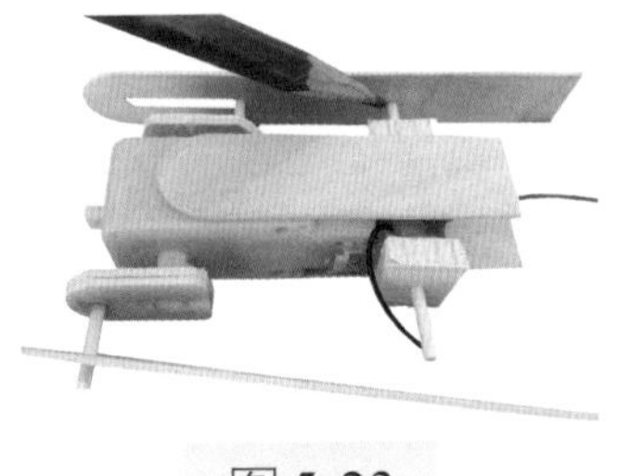

图5-23

⑤ 将双腿安装到电机上，测试其能否灵活运动（图5-24）。

⑥ 截取吸管套在肩部轴两侧做垫片，以避免双腿向外撇，使其平行（图5-25）。

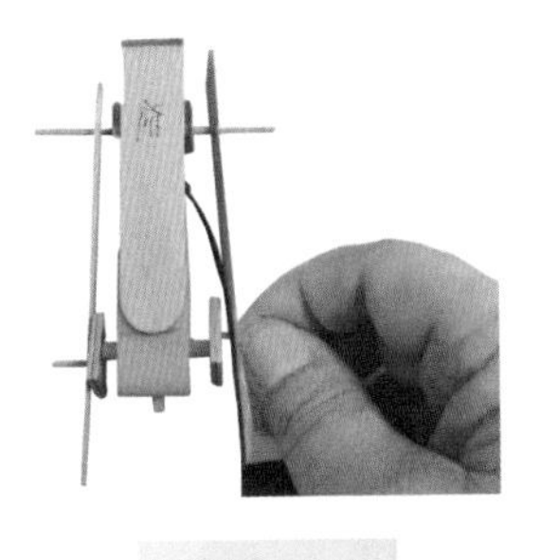

图5-24

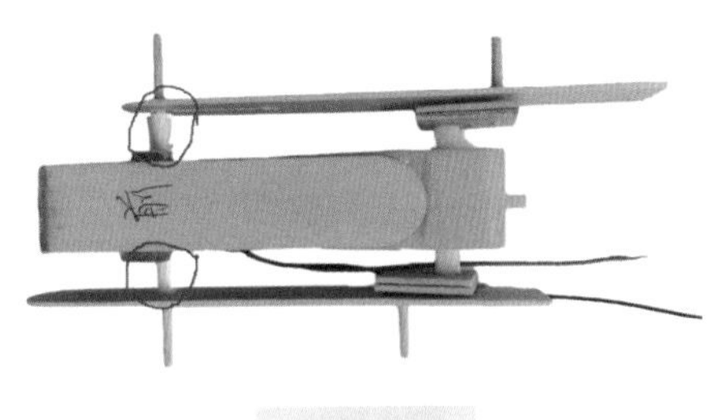

图5-25

（5）截取制作双脚的材料。

① 取两段长9厘米的两头平的宽雪糕棒，磨平两端，画出中线，作为脚的外侧（图5-26）。

② 截取长4厘米的窄雪糕棒四段，再将完整的窄雪糕棒平分成长5.5厘米的四段，作为脚的前后两部分（图5-27）。

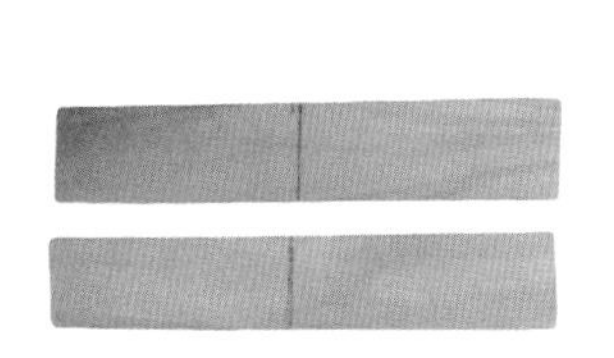

图5-26

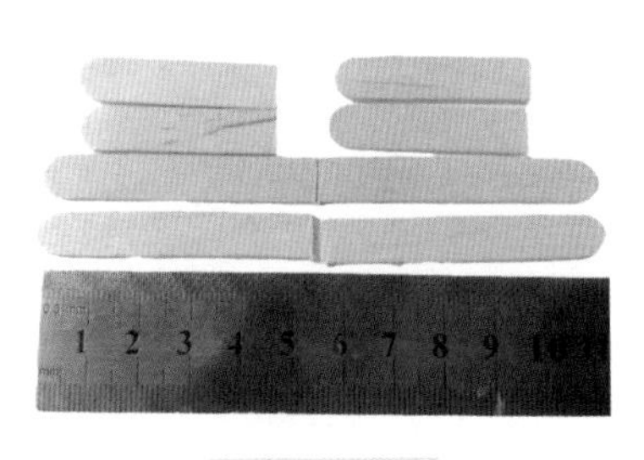

图5-27

（6）制作双脚。

① 将4厘米及5.5厘米的雪糕棒圆头对齐粘牢，然后粘在脚内侧的前后（图5-28）。

② 在脚外侧中线位置，再粘一块厚一些的木片，以增加雪糕棒的厚度，方便与腿粘接（图5-29）。

③ 将腿与脚中线重合，垂直粘在脚的内侧（图5-30、图5-31）。

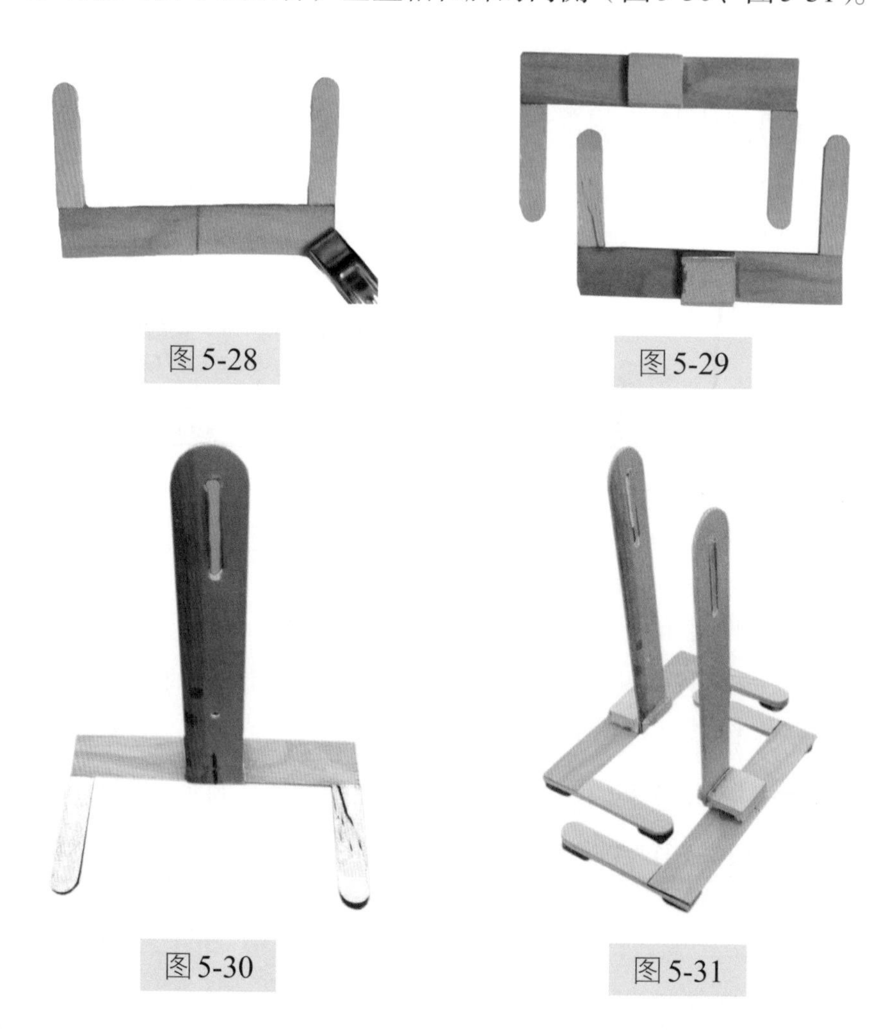

图5-28

图5-29

图5-30

图5-31

『技术（Technology）指点』粘厚木片相当于对脚外侧雪糕棒和腿雪糕棒进行加强，否则，雪糕棒厚度不够，垂直90度的两根雪糕棒直接粘是粘不牢的。

（7）将腿、脚组合体插入轴内（图5-32），用手转动电机，测试腿、脚的灵活性。

图5-32

『技术（Technology）指点』用手转动曲轴，观察脚在前后运动中是否磕绊，如有图5-33所示的情况，机器人是不会行走的，要进行仔细的调整。方法：尝试在曲轴与腿的中间增加垫片或短的吸管（图5-34），使腿稍微往外移动。加垫片时，两侧上下都加，以保持左右对称及腿部的平行，直到行走时不出现磕绊现象为止。

图5-33

图5-34

（8）粘上头部（图5-35），制作完成。

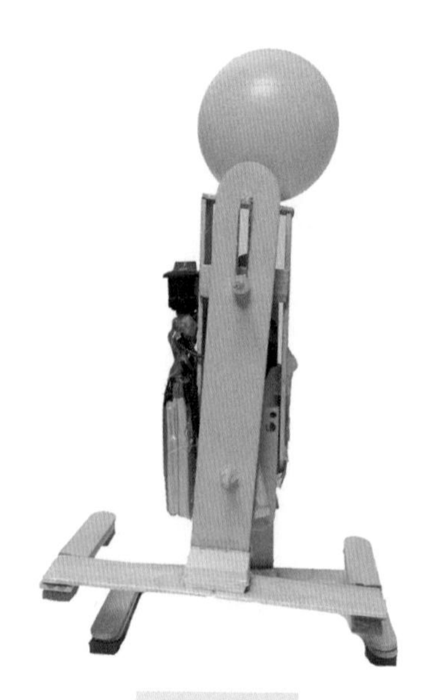

图5-35

六、制作感悟

（1）看似简单的制作，做起来才知道并不简单。经验在一次次的失败中得以总结，知识在最终的成功面前得以积累。只有自己亲自动手制作了，才能明白手工制作确实能“玩出智慧，做出学问”。

（2）本制作使读者进一步了解了曲轴连杆的工作原理；知道了人是通过移动重心才实现自由行走的；明白了迈克尔·杰克逊的特殊舞姿只是在鞋底和舞台上做了手脚的；知道了不在一条线上的三个点，可以构成一个稳定的面；明白了在生活中，垂直竖一个物体，需要从正面和侧面进行观察，才能确保垂直。

小制作，大道理，尽在动手之间！

大脚机器人

【扫描以上二维码，观看成品视频】

No

Data

制作六

蟹脚机器人

——平行四边形、三角形和不规则图形的组合运动

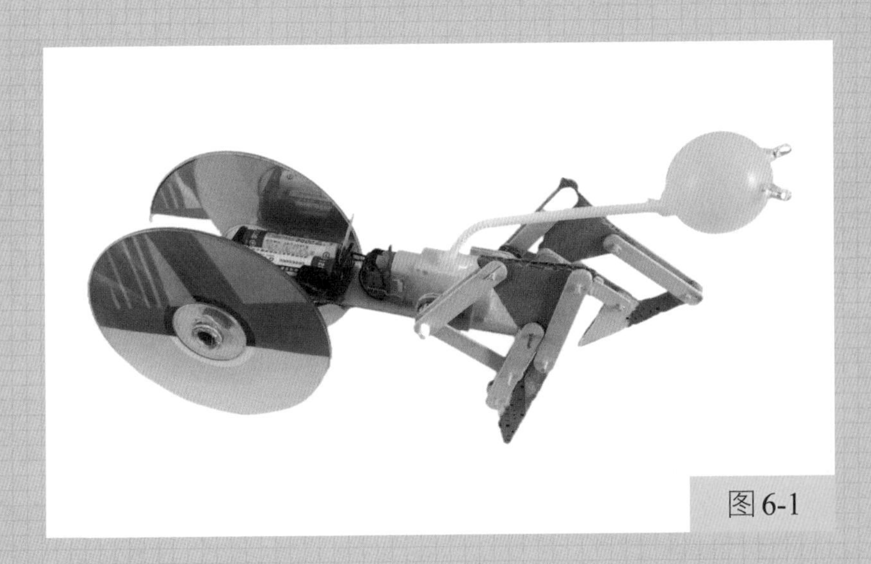

图 6-1

本机器人的前肢类似螃蟹的脚，故名“蟹脚机器人”，它两只脚各由九个部件组成，最初设想是设计成四足爬行的“怪兽机器人”，但因四肢制作复杂，后足就先用两个轮子代替了（图6-1），感兴趣的读者可以自己动手制作本机器人的升级版。

一、运动特点

这个机器人的机械部分同样采用了曲轴连杆机构。不同的是，前面的机器人电机是垂直放置的，本制作是水平放置的。由于前肢行走过程比较复杂，原来安装在电机头上的另一根轴与曲轴间的距离已过短，所以将轴外移，固定在电机的正前方。异样的构造，导致了其与众不同的行走方式。

『**数学（Mathematics）指点**』本制作的每条腿由七根雪糕棒、一个等边三角形和一个近似三角形的不规则图形三部分组成，结构复杂，运动时各组件既互相作用又相互影响，所以，在制作过程中，一定要做到规格一致，个别地方尺寸大小稍有偏差，就会影响机器人的正常运动。

二、制作材料

电池、电机、开关、连接线、乒乓球、吸管、雪糕棒（宽、窄）、硬纸板、棉签、铁丝、废光盘、针管、圆珠笔管等（图6-2）。

三、制作工具

胶枪、美工刀、锯子、直尺、砂纸、电烙铁、钳子、电钻（钻头与棉签棒一样粗细）、焊接剂等（图6-3）。

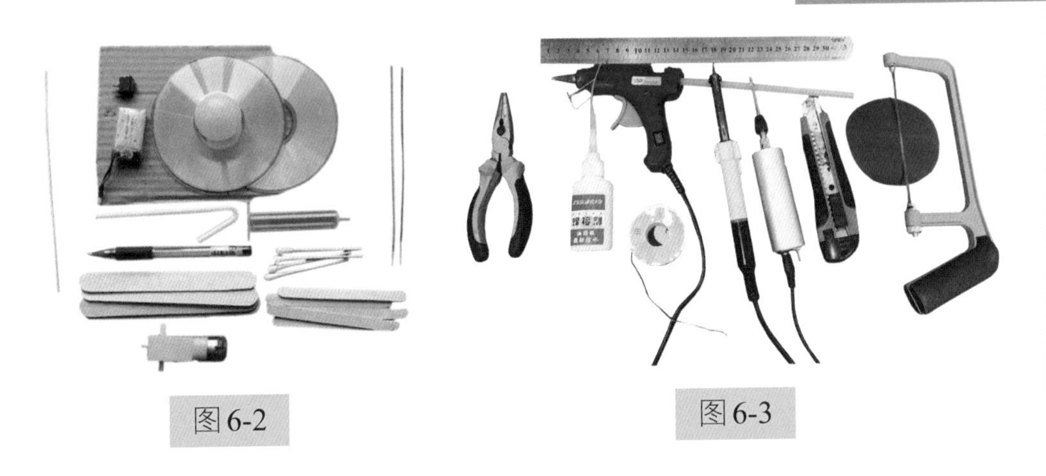

图6-2　　图6-3

四、工作原理

曲轴在前面的制作中已多次应用，负责将电机的扭矩变成机器人前进的动力。但与曲轴连接并参与行走的部件，也就是被称作机器人腿、脚或前（后）肢的部分，每个机器人都不尽相同，这样就使得机器人外观各有特色，颇具观赏性。

本制作中前肢利用了三角形的稳定性原理和平行四边形的不稳定性原理。设计时，让等边三角形和平行四边形共用一条边，这样等边三角形和平行四边形就有两个点是共用的（图6-4、图6-5中B、C两

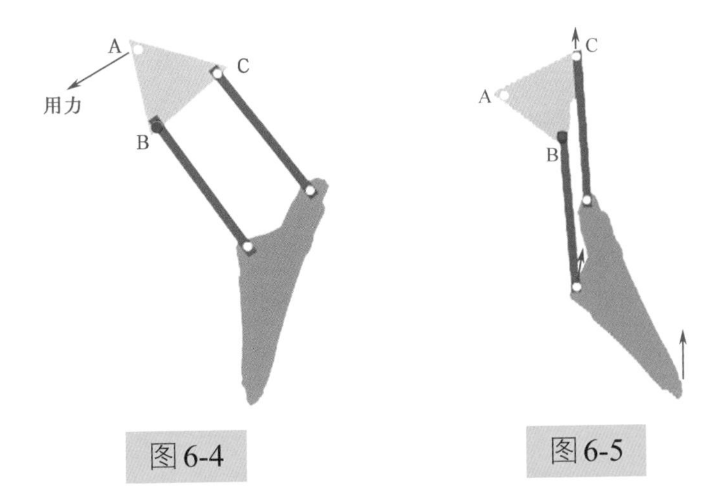

图6-4　　图6-5

点）。固定其中的一个点（B点，也就是将其插入电机前面的那根轴上），再将不规则图形和平行四边形共用另一条边，则只要在A点上给一个适当的力（也就是将A点插在曲轴上），B点就成了一个支点，平行四边形就会扭动变形，图6-5中箭头表示的三个点就会向上抬起，不规则图形（也就是脚）也会同步向上移动。若A点反方向用力，其他部分也会作出相应的运动，于是机器人就会走动了。

『**知识拓展**』扭矩是使物体发生转动的一种特殊的力矩。发动机的扭矩就是指发动机从曲轴端输出的力矩。在功率固定的条件下它与发动机转速呈反比关系，转速越快，扭矩越小；反之越大。所以，在测试制作完成的机器人时，发现前行的速度慢，排除制作过程中的不规范，一是脚与地面的摩擦力小，二是电机的转速慢。

五、制作过程

（1）截取长6.5厘米窄雪糕棒共14根（每条腿7根），在两端打孔，孔距5.5厘米（图6-6）。

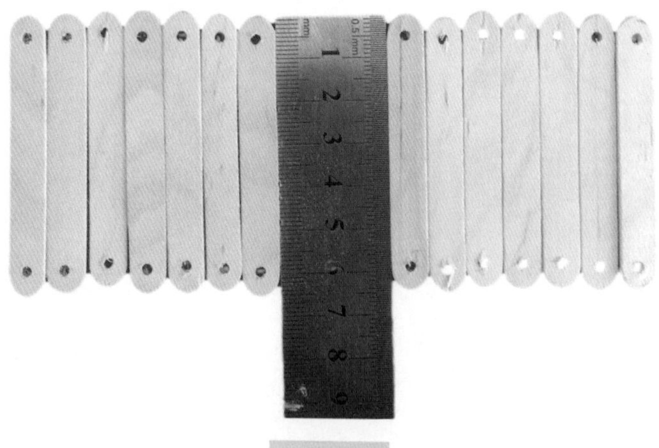

图6-6

『**技术（Technology）指点**』所有雪糕棒的孔距必须一致，否则会影响机器人的正常行走。

『**艺术（Art）指点**』为了制作出来效果美观，可以把截出的平头用砂纸磨成圆头。

『**数学（Mathematics）指点**』可以把圆规两脚设成5.5厘米，然后在雪糕棒上标记孔位，这样又快、又标准。

『**技术（Technology）指点**』还应在圆规两脚做的标记上用钉子之类的东西扎个深一些的坑，打孔前，先将钻头垂直扎在坑的位置再开钻，这样钻头就不易乱动，打出的孔就更标准。

（2）取四根窄雪糕棒，依以上方法在两孔间偏一侧（距近孔2厘米）打孔（图6-7）。

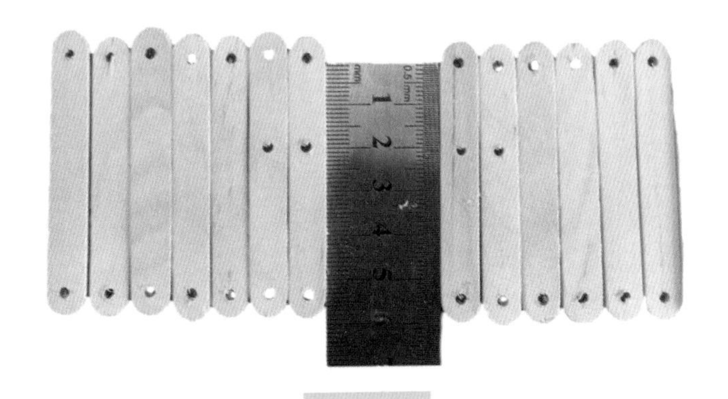

图6-7

（3）用硬纸板剪四个边长5厘米的等边三角形，若三角形在机器人行走时用力很大，可以两个一组重叠粘在一起，起到加固的作用（图6-8）。

『**数学（Mathematics）指点**』再复习一遍等边三角形的画法，如果没记住，请到相关制作中去查找。

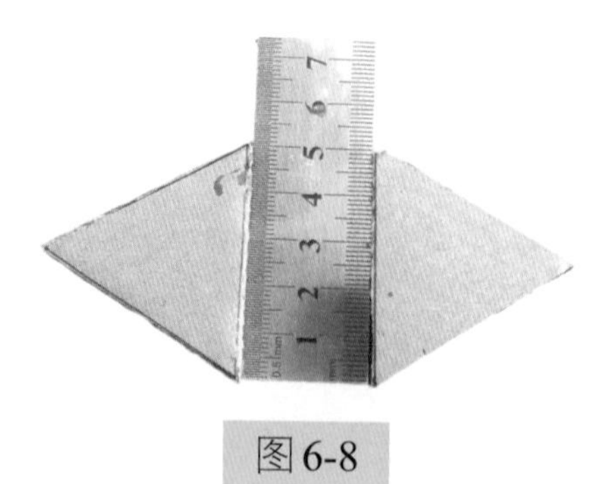

图6-8

『**技术（Technology）指点**』如用双层，一定要粘牢，机器人运动时，这个三角形用的力很大。

（4）将粘好的两个三角形重叠，用夹子夹住，在三个角内打孔（图6-9、图6-10）。

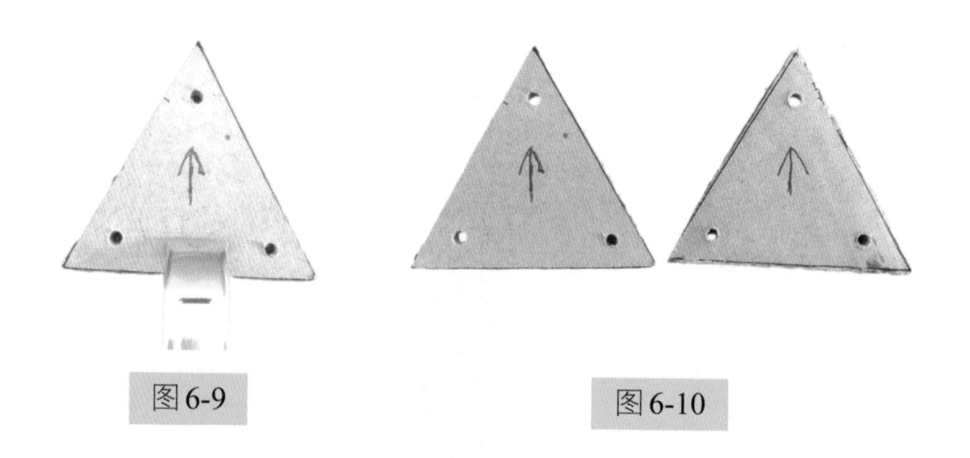

图6-9

图6-10

『**技术（Technology）指点**』为了保证两个三角形分开安装时，最初对应的孔位不变，可以在两个三角形上做个标记，安装时，将标记置于同一位置即可（图6−9、图6−10）。

『**数学（Mathematics）指点**』还记得制作三角形机器人时遇到的同类问题吧！其实确定这三个孔的位置，如果应用三角形平分线原理，会更简单，请读者按前面学过的角平分线的画法，给三个孔确定精确位置，这样就不用再做标记了。

（5）制作并安装曲轴。

① 截取2.5厘米宽雪糕棒四段，每两段分别重叠粘牢（也是为了加固）（图6-11、图6-12）。

② 在上面打两个孔，孔距1.5厘米（图6-13）。

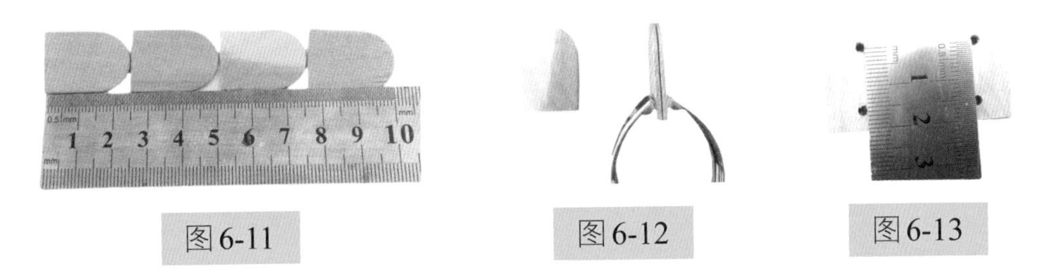

图6-11　　图6-12　　图6-13

③ 在位于圆头的孔上垂直插入2.5厘米的棉签棒并粘好（图6-14）。

④ 在电机轴孔插入6厘米长的铁丝（图6-15），将两个曲轴插入电机轴的铁丝上，互相平行、方向相反地粘在电机轴两侧，与轴粘牢，再将外露的铁丝剪掉（图6-16）。

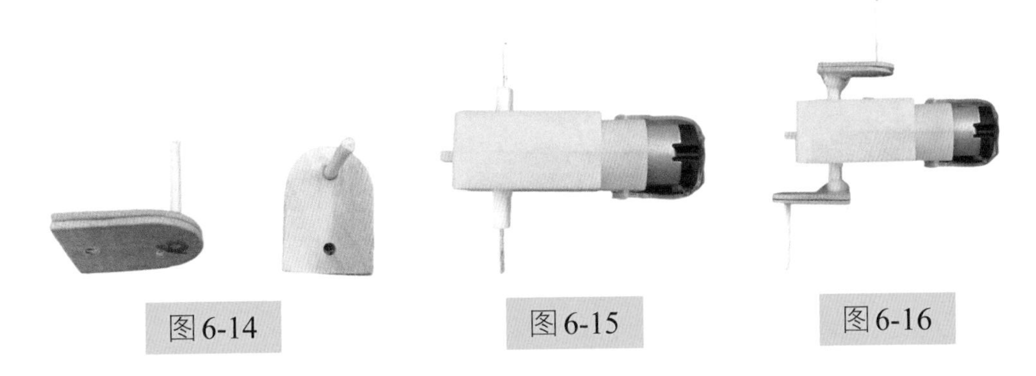

图6-14　　图6-15　　图6-16

『**技术（Technology）指点**』在粘曲轴时，先用焊接剂把曲轴按要求大体粘好，再用胶枪将曲轴内侧与轴粘牢。

（6）制作外侧固定轴架。

① 截取长2.5厘米的宽雪糕棒四段，每两段分别重叠粘牢，在距平头2厘米处打孔（图6-17）。

② 将打孔后的两段雪糕棒平面用砂纸磨平，截取宽雪糕棒4.5厘

米，将磨平的雪糕棒垂直粘在两端（图6-18）。

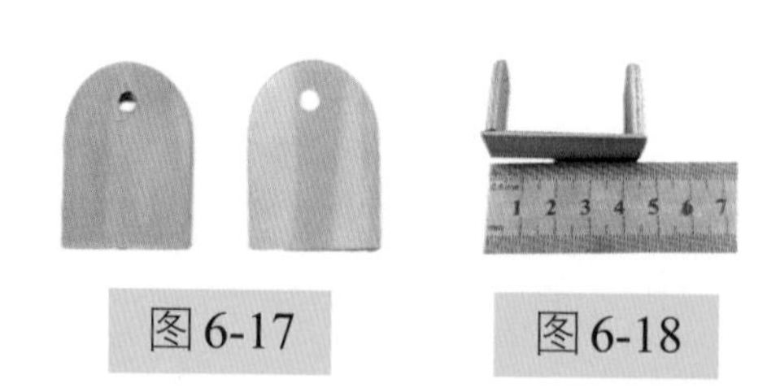

图6-17　　图6-18

（7）制作车架。取两根宽雪糕棒并排放置，用雪糕棒或硬纸板粘在背面，将固定轴架垂直粘在一端，做成车架（图6-19、图6-20）；取一段10厘米的铁丝，拉直后穿过两孔平分，在内侧将铁丝与孔粘牢（图6-21）。

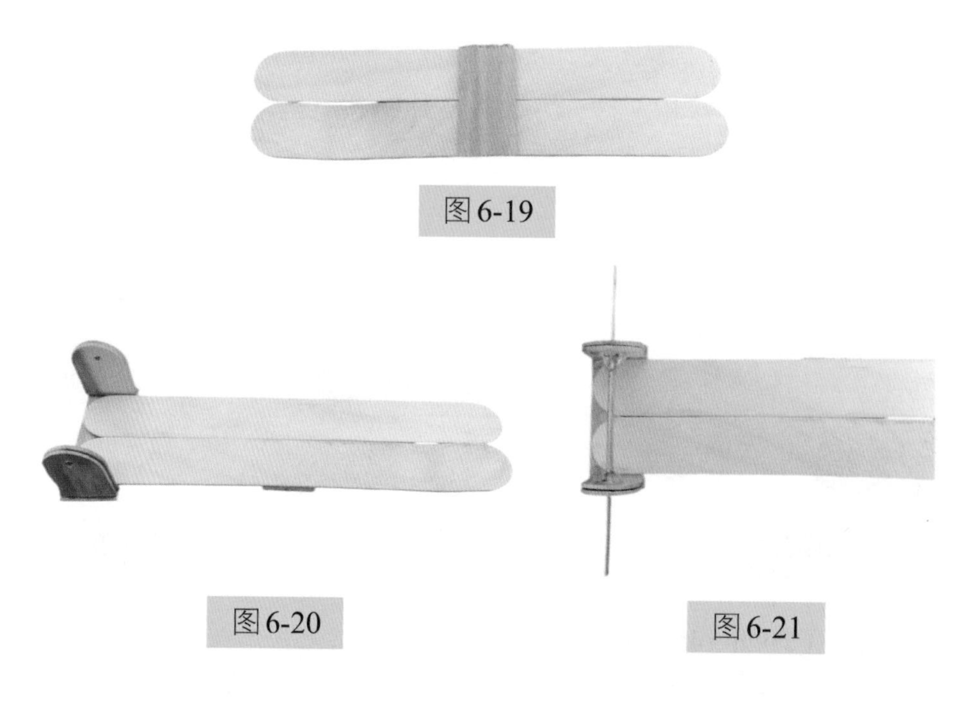

图6-19

图6-20　　图6-21

『工程（Engineering）指点』做事情一般是有先后顺序的。简单或者熟悉的事情，先做什么，后做什么，不用想就可以知道。而对于复杂或不熟悉的事情，先做什么，后做什么，就要进行分析和研究了。比如关于机器人前肢的制作和安装，就是读者几乎没有做过的，属于不熟悉的事情，就要想好了再做，否则，某些部件盲目地用胶固定好了，再往下进行，才发现错了，有时就无法补救了。以上道理，望读者在下面的制作中认真体会。

（8）将第一步做好的14根雪糕棒平均分成两份，截取长2厘米棉签棒共10段也分成两份（图6-22）。

（9）将电机横放在车架上，前端距外面的铁丝轴2.5 ~ 3厘米，先用夹子将电机固定在车架的中线位置（图6-23）。

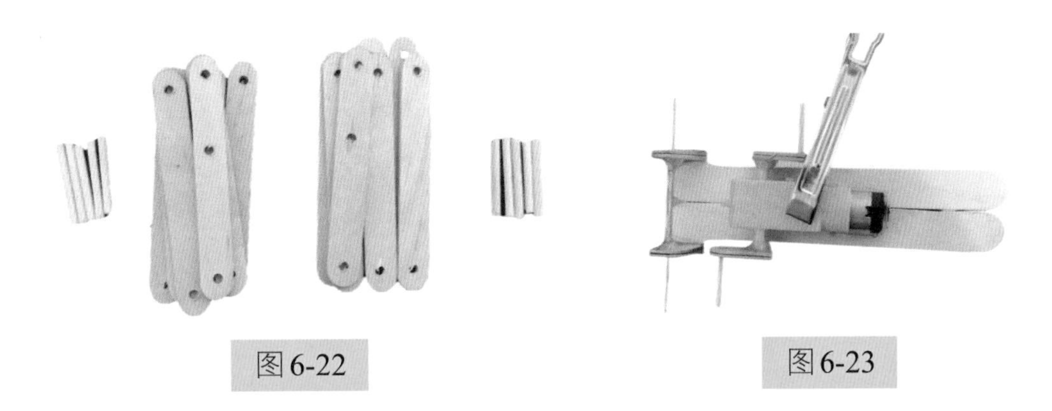

图6-22　　图6-23

『**技术（Technology）指点**』用夹子将电机固定在车架上，先用手转运曲轴，观察两侧曲轴是否与车架摩擦，如有摩擦，就在用胶固定电机前，先用砂纸等工具将车架两侧处理一下。在未安装前肢之前，不要粘牢电机，否则，不论是胶棒还是焊接剂，只要粘上，就很难取下进行二次修改。

（10）先制作一侧的腿。

① 将三角形标箭头一侧朝外，箭头朝上，在箭头所指的孔中插入棉签棒，从14根雪糕棒中找出中间无孔的两根，安在棉签棒两侧（图6-24）。

② 将里侧雪糕棒的另一孔插在曲柄上（图6-25）。

③ 再找一根两孔雪糕棒，将一孔插在曲柄上（图6-26），然后再将三角形外侧的这根雪糕棒插在曲柄上。

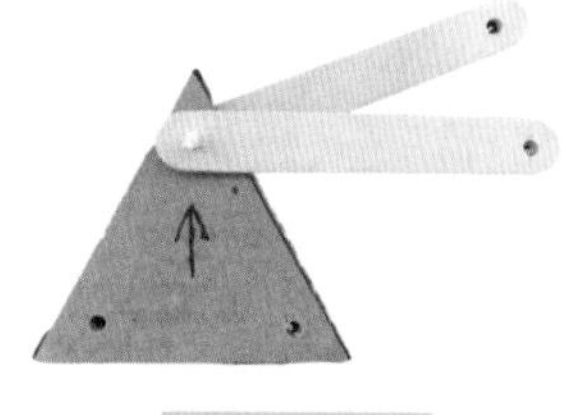

图 6-24

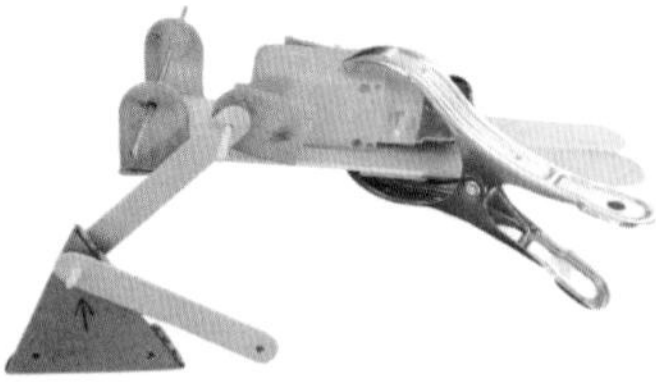

图 6-25

图 6-26

④ 在三角形所标箭头的右下角两侧安装三孔雪糕棒。先将距中间孔远的孔安在电机前面的铁丝轴上，再把三角形右下角的孔也插在铁丝轴上，在中间孔插入棉签棒，再把曲轴上的那一根雪糕棒的另一孔插入棉签棒，最后将另一根三孔雪糕棒对应安在三角形外侧（图 6-27）。

⑤ 将余下的两根雪糕棒安装在三角形左下侧孔的两侧（图 6-28）。

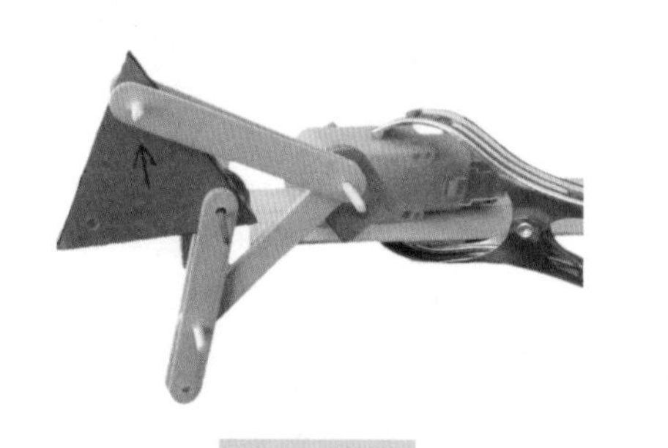

图 6-27

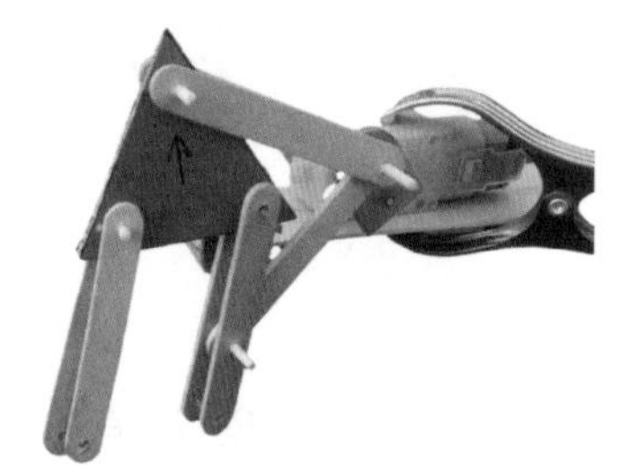

图 6-28

（11）制作脚。这是一个不规则的图形，须先画好图，再仔细加工（图 6-29）。

图 6-29

『数学（Mathematics）指点』 这一步很关键。之前分析，这一组件是由一个等边三角形、一个平行四边形和一个近似三角形的不规则图形组成。现在等边三角形已经安装在轴上，且两个孔已与平行四边形的两条长边连接，也就是已定好平行四边形短边的长度，所以在画这个不规则的脚的草图时，要先以此长度定好三角形一条边内的两个孔，孔距要与平行四边形另外两端连接的两个孔一样长，再画出整个三角形，最后将细节画出并加工成脚。

『**技术（Technology）指点**』先在硬纸板上画一个三角形，三边分别长7厘米、5厘米（与等边三角形的边相等）和5.5厘米，参照三角形的两孔距离，在5厘米的边内定好与平行四边形另两端连接的孔，再修改、加工出来（图6−30、图6−31）。

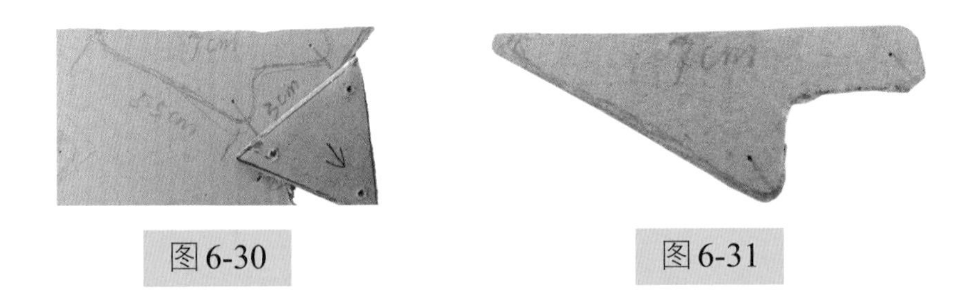

图6-30　　图6-31

（12）如果硬纸板薄，再粘一层加固，在标记的地方打孔，然后与平行四边形的另两端相连（图6-32）。

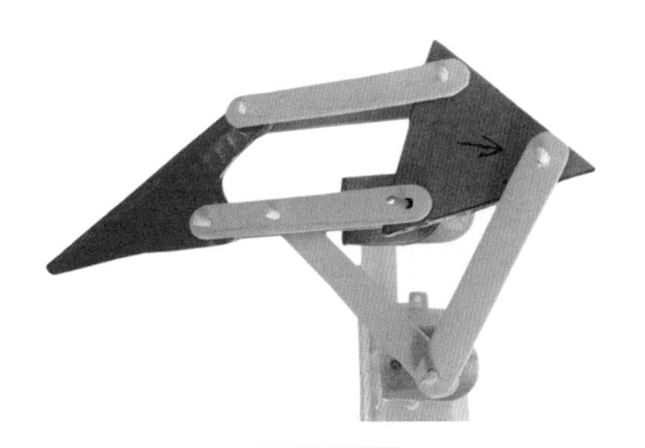

图6-32

（13）非常关键的一步来了——固定电机。

『**技术（Technology）指点**』这一步非常关键。因为腿、脚没完成，电机的位置就不能固定。本机器人能动不能动，除了以上步骤要认真仔细外，就是电机的安装位置要正确。方法是：先将电机用夹子夹在车架上，一边前后移动，一边转动曲轴，观察腿、脚活动是否灵活，找到最合适的那个位置，给电机做个标记，然后上胶，将电机固定。

固定好电机后，再用手转动曲轴，确定腿、脚转运正常，然后在棉签棒的两头上胶，注意不要太紧，不要把活动的部分粘住，还要不时转动一下曲轴。为了确保活动自如，最好在棉签棒上套一小段油笔管或吸管，然后用胶棒将棉签棒和吸管粘住。最后把棉签棒多余的部分剪掉（图6-33）。

（14）按以上方法做另一侧前肢（图6-34）。

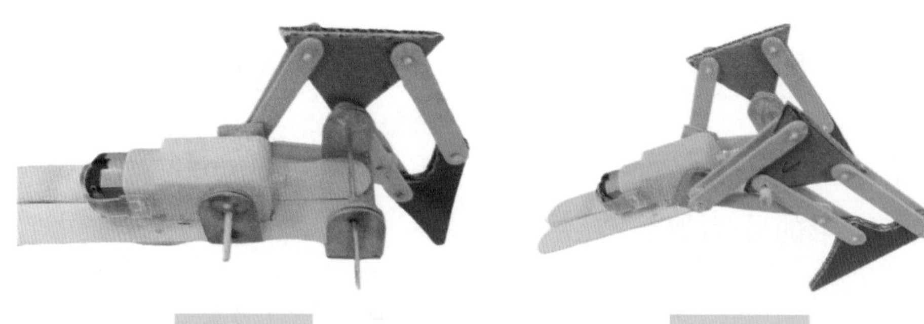

图6-33　　图6-34

（15）将电池、开关与电机串联，然后把电路部分粘牢，打开开关，观察双腿是否运转正常，如果倒走，将连接线正负极调换后再接好固定（图6-35）。

图6-35

（16）将针管截取4.5厘米，垂直粘在车架后端（图6-36）。

（17）取一支粗一些的圆珠笔管，截取6厘米做轴，一端垂直粘在废光盘的圆孔中（图6-37），再将轴穿过针管后，另一端粘在另一张废光盘的圆孔中，两轮要平行（图6-38）。

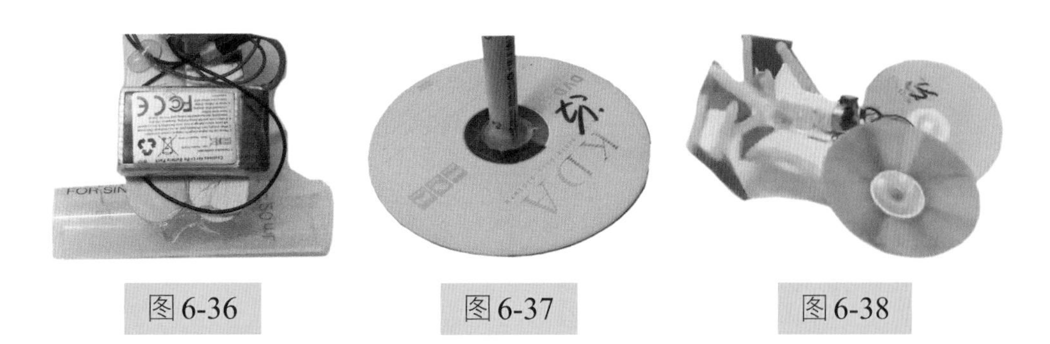

图6-36　　图6-37　　图6-38

『**工程（Engineering）指点**』光盘孔径比圆珠笔管粗，要想粘在光盘的圆心上，得想办法。可以先用胶枪将圆孔抹上胶，将孔堵上再粘圆珠笔管，也可以用圆规在硬纸板上画两个比圆孔稍大的圆片粘在圆孔上。笔者为了省事，是先在光盘周边转圈打胶，等孔径与笔管粗细相当且胶硬时将光盘放在工作台面上，再把圆珠笔管垂直插在圆心的位置，然后用胶枪打胶，直到胶液凝固把笔管粘牢。读者还可以想出其他更好的方法吧！

（18）头部用什么材料与身体连接，面部怎么装饰，就看读者的想象力了。笔者是这样做的（图6-39），仅供参考。

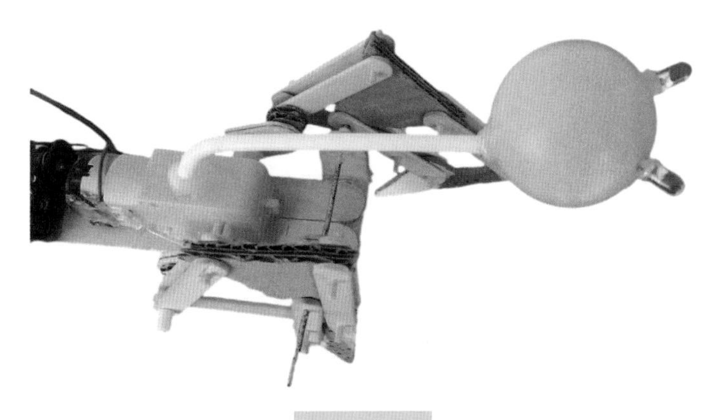

图6-39

六、制作感悟

（1）腿、脚部分多达六个活动的轴，粘时一定要按说明的步骤处理，若将需要活动的轴粘死了，机器人就不能动了。笔者初次制作时，就因不知把哪根轴给粘住了，电机启动后，生把曲柄给拧断了。

（2）若将本制作升级成四足怪物，还需要一个电机，电池可以共用，但电池功率要加大。更重要的是如何协调四足。制作前，读者可以仔细观察四足动物是如何行走的，这一点很有必要。

蟹脚机器人

【扫描以上二维码，观看成品视频】

No

Data

制作七

爬行机器人

——曲轴连杆机构的再利用

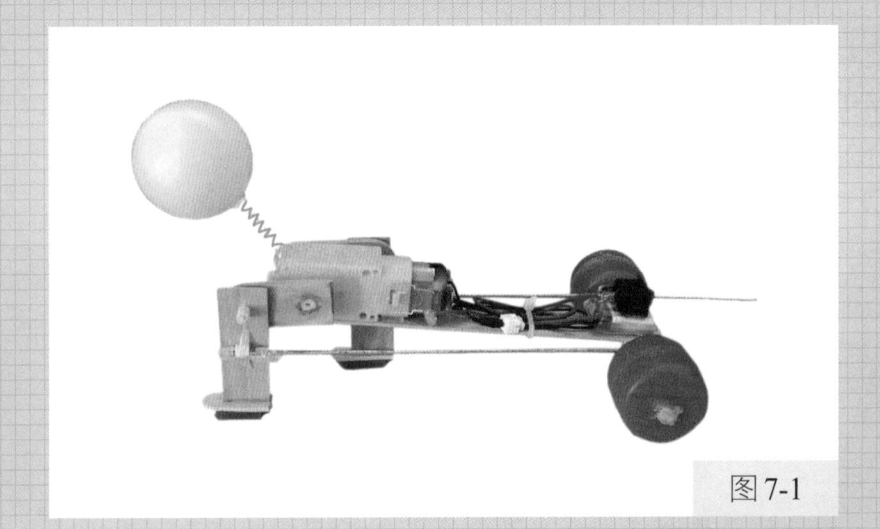

图 7-1

直立行走是人与动物的重要区别，腰椎病、颈椎病也因此与人类如影随形。于是一种回归原始的爬行式健身运动就悄然而生。当然，因动作过于搞笑，在广场一般见不到！不过，我们可以做一个这样的机器人（图7-1），向人们演示其健身原理。

一、运动特点

前面的制作中，机器人不是站立就是坐着，身躯是垂直于地面的，所以电机的设置都是立着的。本机器人与“蟹脚机器人”一样是“爬行”，这一运动特点就决定了电机横向设置最合适。前面的制作中提到，重心的位置对于行走的稳定性起至关重要的作用，直立行走的重心位置与爬行是不一样的，从图7-1看出，该机器人的重量大多集中在前面，所以重心也靠前，爬行时很容易导致机器人侧翻，故要想让机器人正常行走，除了认真按制作的说明文字操作外，还需仔细阅读下面STEAM的指点。

本制作也应用了曲轴连杆机构。

『**科学（Science）指点**』转动曲轴，使机器人一条腿着地，另一条腿抬到最高，然后静置于地上观察，会出现两种情况：第一种是后两轮着地，可以平稳站立（图7–2）；第二种是不稳，一侧轮子翘起，整个身体向另一侧倾斜（图7–3）。第一种是理想状态，如果出现第二种情况，在电池功率大或电量足的情况下，前肢交替运动的速度也快，机器人爬行的动作也许会正常；如果电池电量不足或功率小，两条腿运动的速度慢，机器人就会出现一跌一跌的现象。

图7-2

图7-3

『**技术（Technology）指点**』第二种情况的出现，与重心位置和后轴的长度都有关系。有几个方法可以避免这种情况出现：一是重心尽量往后，对于爬行这一动作，电机只能放在前面，电池则可以压在后轴上，如果还倾斜，就加配重；二是加宽左右两轮的轴距；三是把两轮的重量加重，这样也相当于给重心后移加码。以上三个方法可以单用，也可以组合应用，读者可以依具体情况尝试。

『**数学（Mathematics）指点**』上面说的在后轴上加配重和增加两轮的重量，都会给机器人增加额外负担而影响机器人的行走速度。只有加宽两轮的轴距是最合理的。理由是：物体在一个平面上处于静止状态，一定有至少三个点做支撑。数学上讲三个点决定一个平面，且只有一个平面。这一点在前面的制作中也提到过。图7–2和图7–3所示机器人都处于静止状态，只是一个正常，一个不正常。从图7–2看出，落地的腿必须能支撑起悬空的身体，才不会像图7–3那样倾斜。这一点，与之前制作的大脚机器人有些类似，但又有不同：大脚机器人是站立的，重心是在腿上，爬行机器人身体是横向的，重心是在前肢的后面，所以，为了机器人爬行时不发生倾斜，又不给它增加额外负担而放慢速度，最好是加大以落地前肢为顶点的三角形的角度，所以，加宽两轮轴距是最合理的方法。

二、制作材料

电机、开关、连接线、电池、乒乓球、雪糕棒、铁丝、吸管、圆珠笔弹簧、棉签棒、矿泉水瓶盖4个（图7-4）。

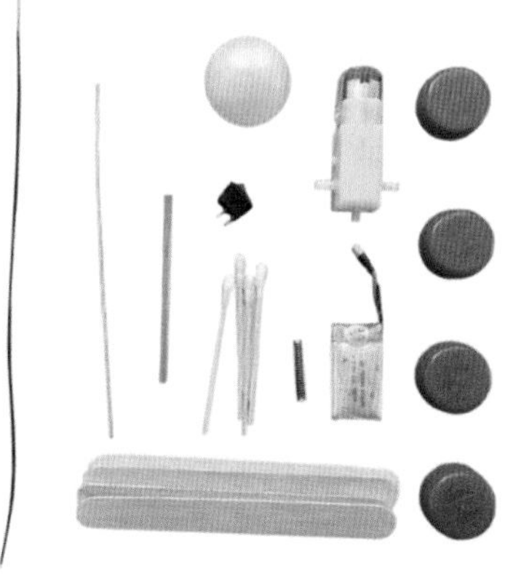

图7-4

三、制作工具

胶枪、美工刀、锯子、直尺、砂纸、电烙铁、钳子、电钻、焊接剂等（图7-5）。

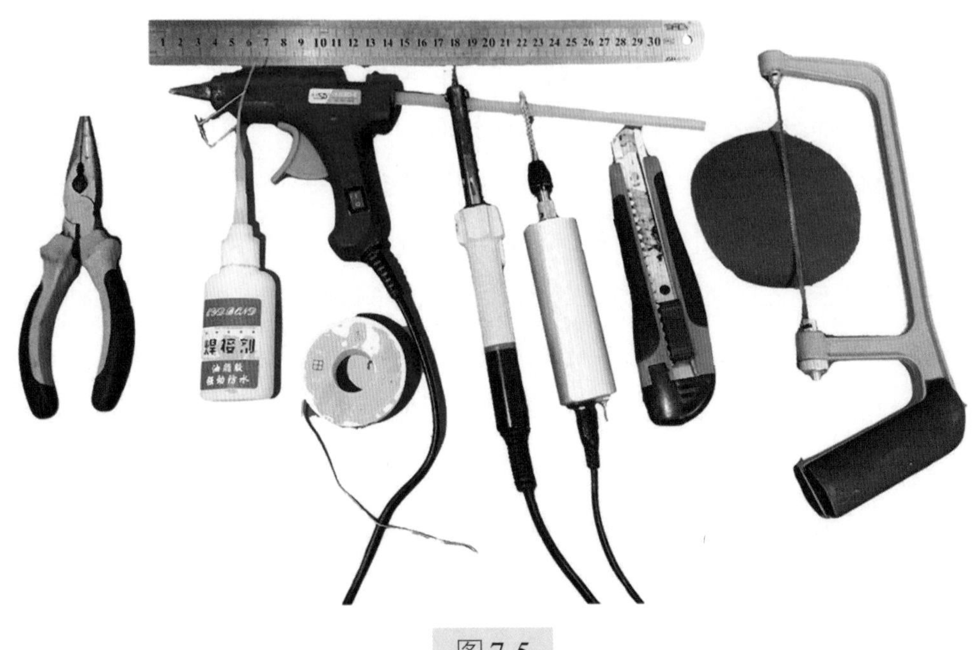

图7-5

四、工作原理

电机带动曲轴做圆周运动，曲轴又带动前肢做前行运动，当一侧前肢接触地面时，将机器人的身体支撑起来，在电机扭矩的作用下，身体前移。前肢继续转动，另一侧前肢落地，支撑身体再向前移动，就这样循环往复，完成了爬行动作。

五、制作过程

（1）制作曲轴连杆。

① 将宽雪糕棒截取4厘米，一端平头，另一端圆头（图7-6）。

② 两个一组对齐粘牢，在距两头1厘米处做标记，然后在标记处打大小不同的两个孔。平头一侧打大孔，适合与电机轴对接，圆头一侧打小孔（图7-7）。

③ 取1.5厘米的棉签棒两段，插入小孔并垂直粘牢（图7-8）。

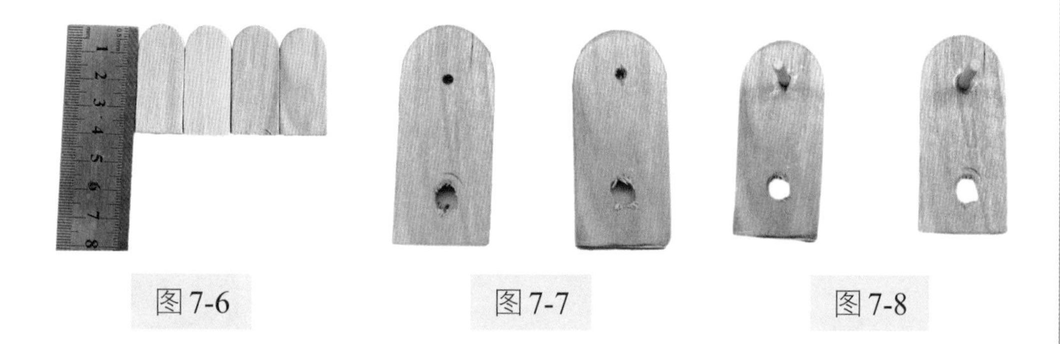

图7-6　　图7-7　　图7-8

④ 将曲轴粘在电机轴两侧（图7-9）。

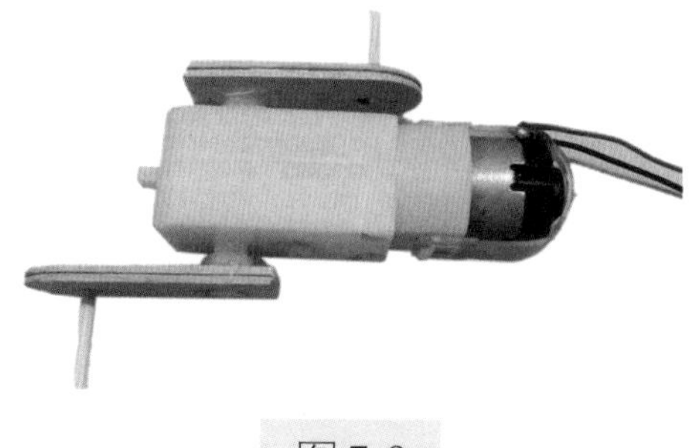

图7-9

『**技术（Technology）指点**』曲轴在旋转时为了避免与前肢的摩擦，要尽量保持连杆的外侧是平的，且与电机轴垂直。先用焊接剂将曲轴粘牢，再用胶枪将其在连杆内侧与轴进一步加固。

（2）制作前臂。

① 从制作曲轴余下的部分雪糕棒中截取5厘米两段，在一端1厘米处打孔（图7-10），使棉签棒插入孔后活动自如（图7-11）。

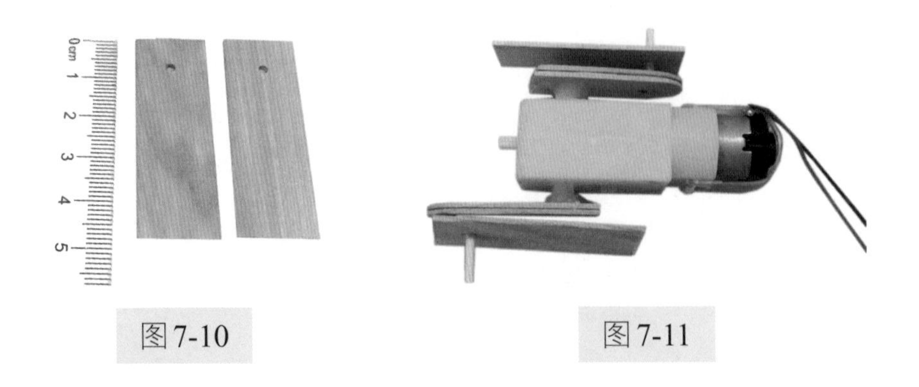

图7-10　　图7-11

② 给前臂末端粘上脚。截取2.5厘米窄雪糕棒两段（图7-12），分别粘在前臂的末端（图7-13）。

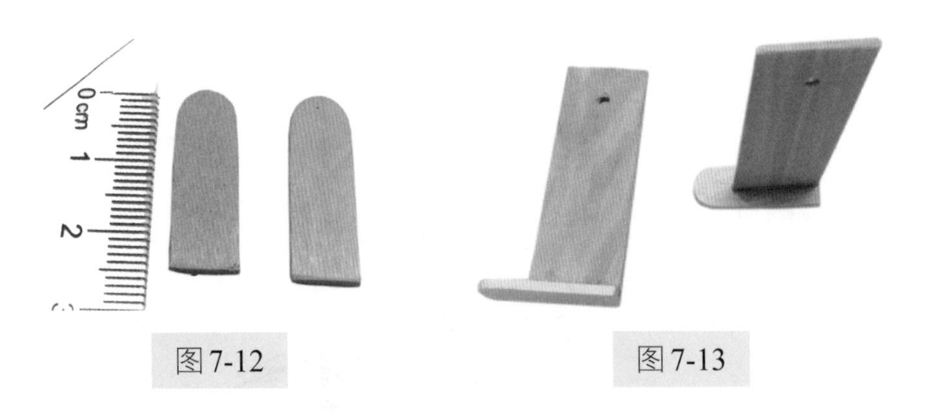

图7-12　　图7-13

（3）在电机一侧粘一根宽雪糕棒，作为机器人的躯干（图7-14）。

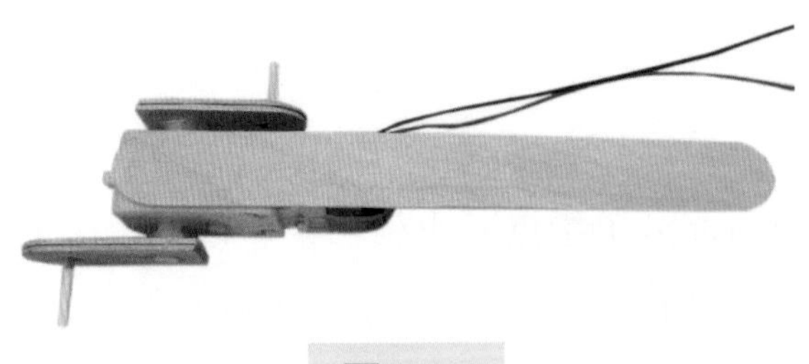

图7-14

（4）制作后轮。把四个矿泉水瓶盖每两个一组粘成如图7-15所示的两个轮子，中间打孔。

（5）截取5厘米的吸管，将电机朝上，粘在雪糕棒下面（图7-16）。

（6）取12厘米的铁丝穿过吸管后将两个轮子粘牢（图7-17），截去多余的铁丝。

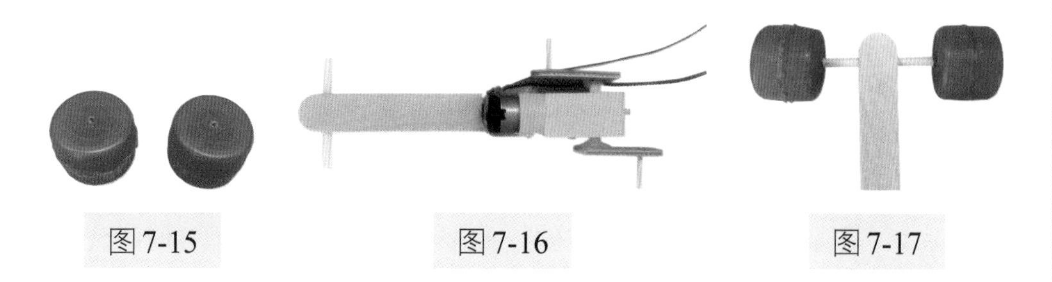

图7-15　　图7-16　　图7-17

『**技术（Technology）指点**』轮子的旋转有两种方式：一种是将车轴固定在架上，让轮子在轴上旋转；另一种是将车轴与轮子固定，让车轴在车轴套（吸管）内旋转。本制作采用的是第二种旋转方式。

固定车轴与轮子时，注意内侧要粘得平整，且不要与轴套粘在一起。最好是先用焊接剂固定住，外侧再用胶枪加固。

（7）取1厘米的吸管两段，分别垂直粘在轴套的两侧，注意这两段吸管要与躯干在一个水平面上（图7-18）（这一步应放在后面做，不过，读者可以先按笔者最初的做法去做，回头反思出来的道理也许更深刻）。

（8）在前肢外侧中间部位粘0.5厘米的吸管，吸管水平放置（图7-19）。

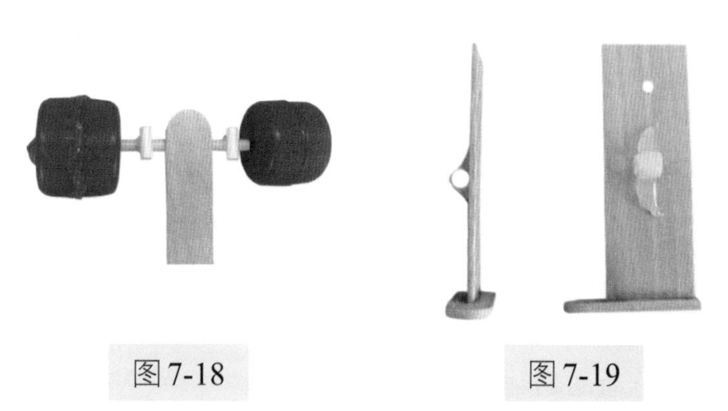

图7-18　　图7-19

（9）将前肢安装在曲轴上。先将前肢安在曲柄上，并在外面套上0.5厘米的油笔管，用焊接剂与曲柄粘牢，保证前肢活动自如（图7-20）。

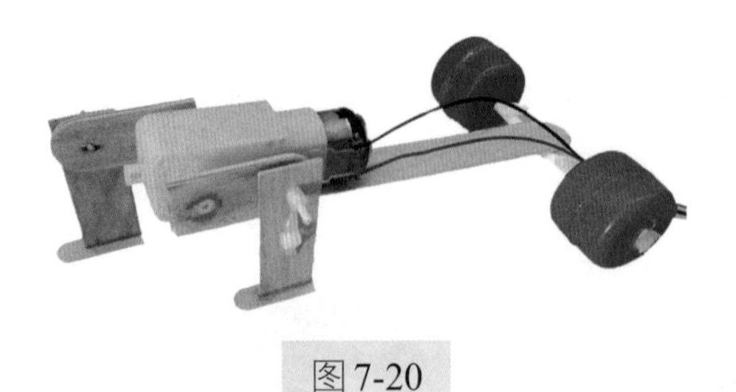

图7-20

（10）截取两根17厘米的铁丝，截取0.5厘米的油笔管4段，先将两段油笔管分别粘在两根铁丝的前端（图7-21）。

（11）如图7-22所示，将两根铁丝穿过前肢的吸管，再将余下的两段油笔管套在铁丝上，粘牢。注意：两段油笔管要有些距离，以使铁丝在吸管内活动自如（图7-22）。

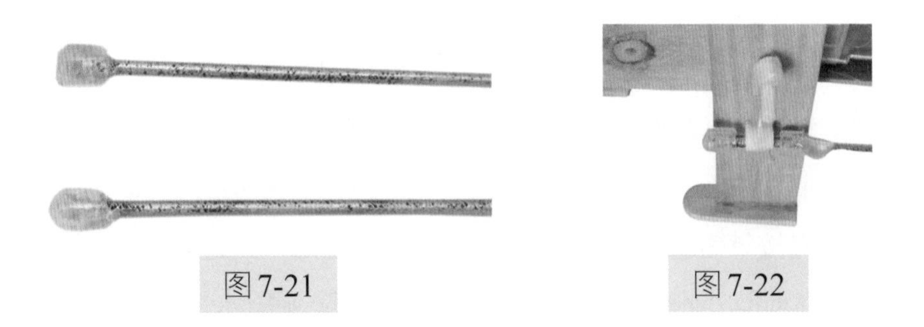

图7-21　　图7-22

（12）将铁丝穿在轴套上的吸管内。

『**工程（Engineering）指点**』这时我们会发现，铁丝长，根本就插不进吸管内（图7–23），所以将上述第七步放在这里才合适。这也说明了一个道理：一个小小的制作，也是一个系统工程，多数情况下，先做什么，后做什么，是没有讲究的，但有的环节，必须按照步骤来。这一道理，在前面的制作中也讲过。

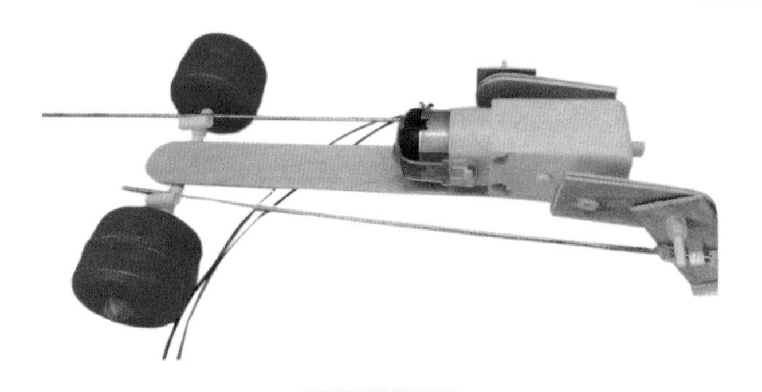

图7-23

『**技术（Technology）指点**』一个机器人的完整制作步骤必须经过多次实践，才能总结出来。有时一个步骤的顺序颠倒，会给整个制作的结构或外观带来巨大影响，甚至不得不重做。这也正是这本书的价值所在，即让读者不走弯路，争取一次完成。不过这一环节的更改比较容易，只需用胶枪将两段吸管上的胶加热，把吸管取下，再将铁丝穿入吸管，然后粘在原来的位置上就行了（图7−24）。

图7-24

『**科学（Science）指点**』为什么要加这两根铁丝？不加行不行？这里解释一下。先分析“拉车机器人”和“大脚机器人”这两个制作，腿的正常行走除了依靠曲轴机构外，还要依靠用来规范限制腿行走的轴，腿上开一道槽，曲轴带着腿做圆周运动，而此轴在槽内做相对的上下运动（图7−25、图7−26）。如果没有这根轴，腿就不能正常行走。本制作不同于以上两个制作的地方是将直立行走变为爬行运动，如果没有这两根铁丝的约束，前肢就会在曲轴的带动下乱动甚至旋转，机器人根本不能正常行走，所以，这两根铁丝也是规范前肢正常行走的关键部件。

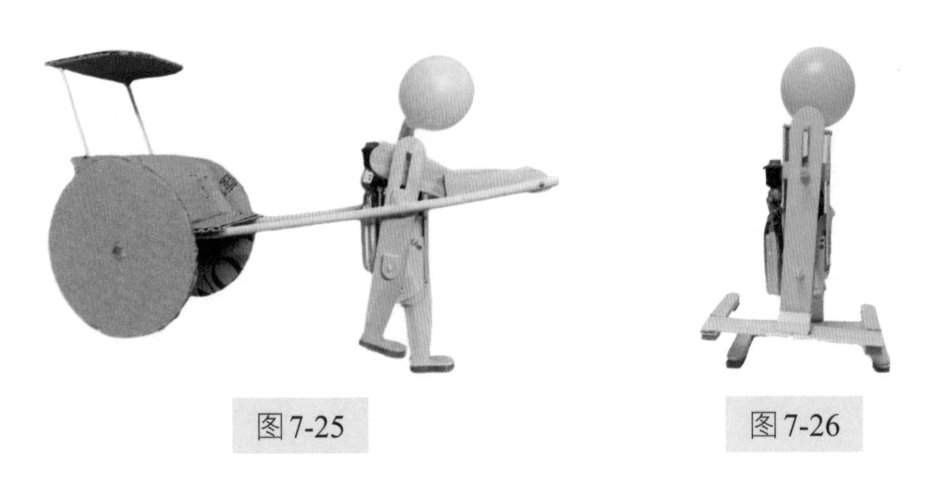

图7-25　　图7-26

（13）给机器人接上电池和开关。注意先观察腿的行走方向，再固定电路（图7-27）。

图7-27

『技术（Technology）指点』前面已做过的几个机器人，电机、电池和开关接法是一样的，这种接法在物理上叫串联。串联就是电路中各个元件被连接线像串糖葫芦一样逐次连接起来。还有一种电路叫并联，感兴趣的读者可以自己查一下相关资料。

（14）打开开关，让机器人行走，观察有无不妥之处。

『**技术（Technology）指点**』如果机器人“爬行”的速度很慢，可能原因：一是机器人重量轻，脚底与地面的摩擦力小；二是电量大，动作频率太快。解决办法：增大脚底与地面的摩擦力，可以给机器人配重且找粗糙的地面，也可以给机器人的脚穿上“胶鞋”，比如用胶枪在脚底抹上一层胶，或将猴皮筋剪断分几段粘在脚底（横着粘和竖着粘效果也许也不一样），而笔者正好有宽一点儿的皮筋，就直接用它给机器人做了一双“胶底鞋”(图7−28)。至于要让动作频率慢一点儿，则用没充满电的电池，或换用容量小一点儿的电池即可。

图7-28

『**知识拓展**』有位名人说过：重复是学习之母。“频率”是物理等多学科都能遇到的重要概念，笔者前面曾提到过(读者还记得吗)，它常用“快慢”来表述。本制作的效果又与“频率”有关。为了让机器人爬得快，用大容量电池往往适得其反，因为机器人双脚运动太快，反而会减小脚底与地面的摩擦，动力虽足，却是做了无用之功。所以用相对小的电量驱动电机，让双脚的运动频率变慢，脚踏实地，一步一个脚印，反而爬得快。由此及彼，读者也一定能从生活和学习中，找到类似“欲速则不达”的例子吧！

（15）安装头部。将弹簧作为机器人的脖子，一头粘在乒乓球上，另一头粘在电机前上方。制作完成（图7-29）。

图7-29

六、制作感悟

（1）机器人爬行得快慢与前臂的长短也有关系，这一点可以参考《三角形机器人》中（图3-36）的「科学指点」。

（2）机器人能正常爬行，与制作的精度、电量的大小、前后臂的长短、脚底与地面摩擦力的大小、机器人自身的重量及配重放置的位置都有关系，所以，制作虽然简单，但也是一个系统工程。

（3）本制作看似简单，实则不易。设计之初，以上各因素很难做到互相协调，需要多次失败经验的积累。比如前面提到的动力太强反而不容易爬快，而太慢又会让机器人变成左右摇摆的瘸子，配重在这时又成了“改邪归正”的主角，恰当的重量和合理放置或能治其弊端。这一点在前面“运动特点”中有所讨论，读者如若深研，可以回顾。

爬行机器人

【扫描以上二维码，观看成品视频】

No

Data

制作八

运动健身机器人

——曲轴连杆机构的又一种用法

图8-1

为纪念北京2008年奥运会成功举办，国务院批准，从2009年起，每年的8月8日定为“全民健身日”。现在即使在乡村也能见到类似图8-1所示机器人的健身器材，这个机器人身上还藏有许多学问呢！

一、运动特点

本制作与爬行机器人一样，将电机横置，使曲轴的旋转运动变成跑步机的前后运动，从而带动机器人做原地跑步运动。但在结构和功能上，又有所不同。

（1）爬行机器人是将电机前置；本制作是将电机后置。

（2）爬行机器人两侧的铁丝只是起到规范限制前肢运动的作用，在动力方面不起作用，甚至还会因摩擦力影响机器人的爬行速度；而在本制作中，两侧类似的部件却是传递动力、使“旺仔”得以“健身”的关键部件。

二、制作材料

电机、带开关的电池盒、连接线、小易拉罐、雪糕棒、硬纸板、铁丝、吸管、木板（16厘米 ×7厘米）（图8-2）。

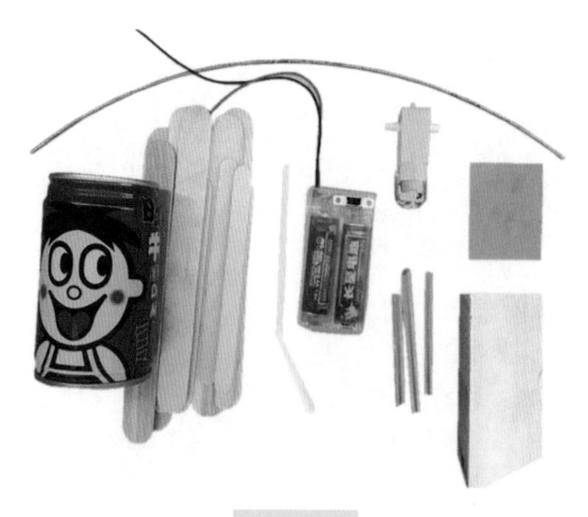

图8-2

三、制作工具

胶枪、美工刀、锯子、直尺、砂纸、电烙铁、钳子、电钻、焊接剂等（图8-3）。

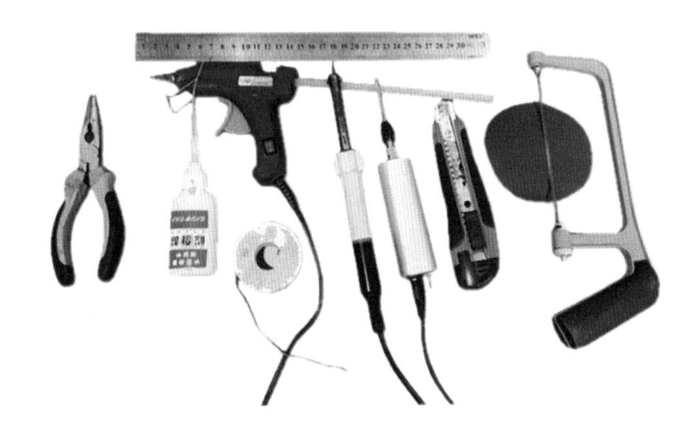

图8-3

四、工作原理

本书介绍的机器人都能进行规律运动，物体的规律运动，在物理学上用两个量来描述：一个是频率，另一个幅度。对本书而言，频率是指机器人动作的快慢，幅度是指机器人步伐的长短。本制作中，“旺仔”在跑步机上运动的快慢由电机的转速决定，而电机的转速是由电池的功率大小及电量的多少决定的，所以，机器人制作完成后，活动频率的调节可以通过更换电池或存电来进行。而“旺仔”跑步时两腿间的最大距离，也就是幅度的大小，是由所标的两条红线（图8-4），即连杆部分的长短决定的。连杆长，腿间距离长，迈步就大；连杆短，腿间距离也短，迈步就小。所以，连杆的长短决定了“旺仔”的“健身效果”。

『科学（Science）指点』如图8–4所示，整个曲轴连杆机构由两侧的曲柄、中轴及连接曲柄和中轴的红色标线部分（连杆）组成。电机启动后，两侧曲柄开始以中轴为圆心做圆周运动（必须把铁丝与电机轴固定好，以便把动力全部传到铁丝上），所以折连杆时，这部分越长，两侧曲柄旋转所做圆周运动幅度就越大，反之就会越小，所以红色部分的长短就决定了机器人健身幅度的大小。两个角必须折成90度，使曲柄和中轴保持平行，才能保证机器人的正常运动。

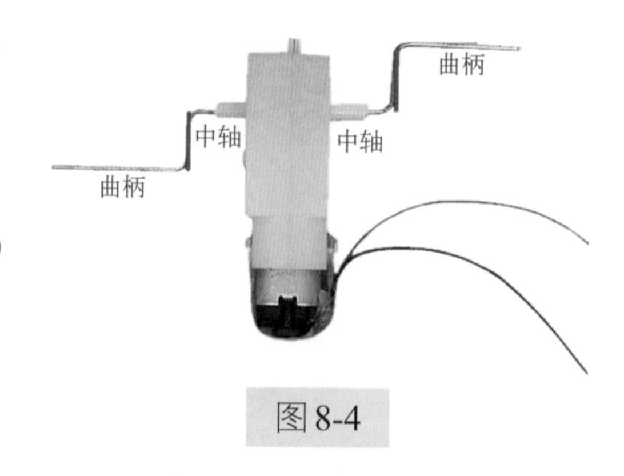

图8-4

五、制作过程

分三步：第一步，制作跑步机；第二步，制作机器人；第三步，机器人和跑步机组合。

1. 制作跑步机

（1）截取一段14厘米的铁丝，穿进电机轴，居中并固定（图8-5）。

（2）把铁丝两端折成如图8-6所示的形状。

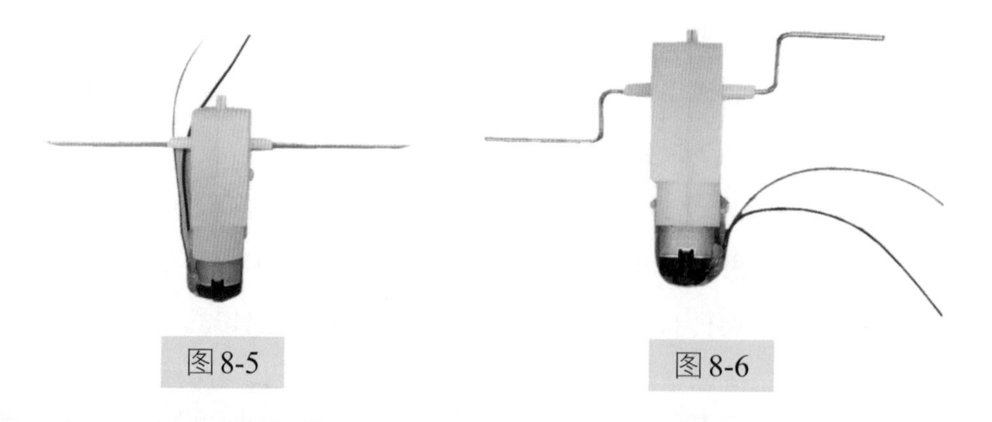

图8-5　　图8-6

『数学（Mathematics）指点』两侧的四个折角都要求是90度，连杆部分的长度要一致。因为连杆部分要经历两次折角，第一次折要让轴两端露出部分长短一致，第二次折要让连杆部分长短一致，所以，用钳子折90度角，不仅是个力气活儿，也是个技术活儿。

（3）画出木板中线，将电机固定在木板一头的中线上［旋转电机，如果发现曲柄摩擦木板，就在电机下面垫几块雪糕棒片或木片（本制作用的是饮料瓶盖），再固定］（图8-7）。

（4）取两根窄雪糕棒，在一端同一位置打孔。量一下两侧连杆间的长度，再将雪糕棒的另一端如图8-8所示粘在木板上，间距一定要小于连杆间的长度，且以中线为轴对称。

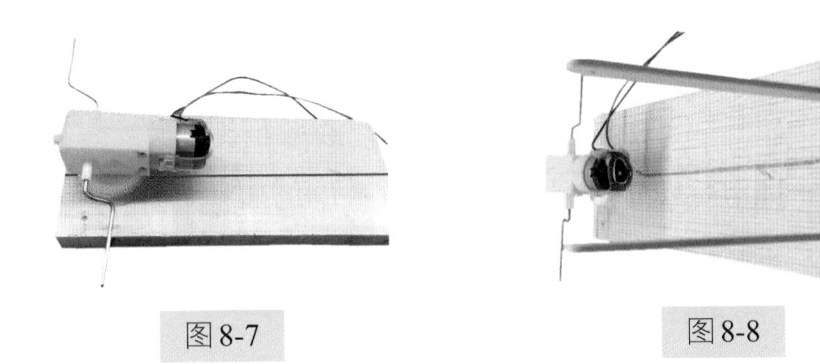

图8-7　　图8-8

（5）取两根宽雪糕棒，在一端粘上1.5厘米长的吸管，另一端在中线上开1厘米长、0.3厘米宽的槽（图8-9）。

（6）取两根窄雪糕棒，在两端及中间打孔（图8-10）。

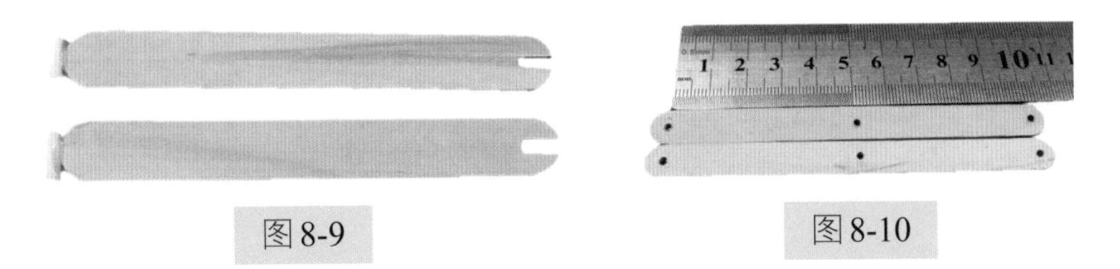

图8-9　　图8-10

（7）截取1.8厘米长的两段铁丝，如图8-11所示将宽、窄雪糕棒两两组合，注意，要让窄雪糕棒活动自如。

（8）截取10厘米铁丝，穿过竖起的两根窄雪糕棒的孔，平分。截取1.5厘米的吸管两段，套在铁丝的两端。将步骤（7）制作完成的部件两端安装在对应位置（图8-12）。

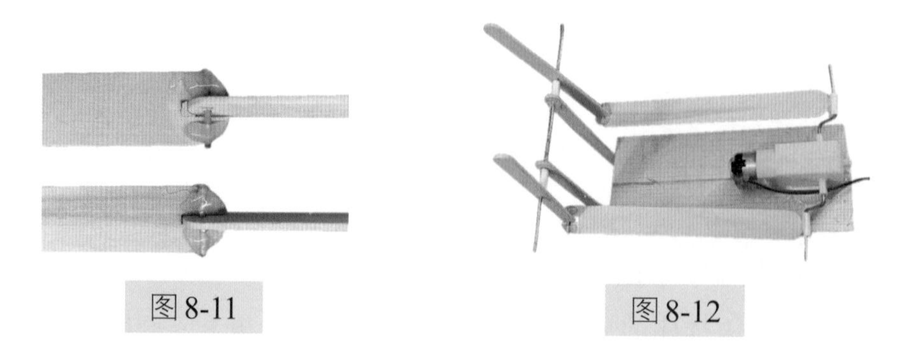

图8-11　　图8-12

（9）给铁丝套上一小段吸管，截去多余的铁丝，再用胶枪将吸管固定在铁丝上，以防运动时部件脱落（图8-13）。

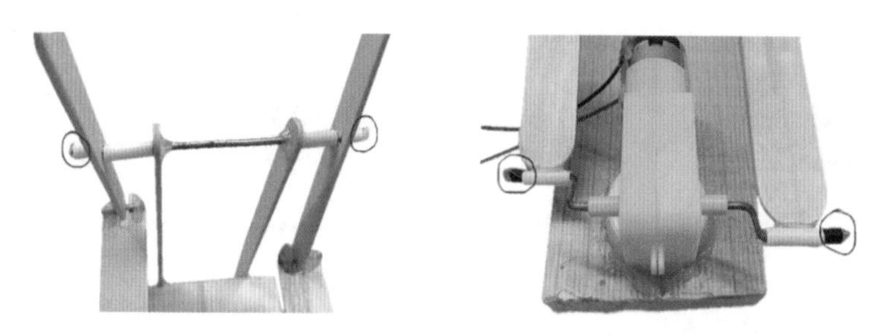

图8-13

2. 制作机器人

（1）用小易拉罐做机器人的躯体，截取8厘米和13厘米铁丝各一段，短的经过圆心粘在罐体下面，长的中间弯成半圆，两头折回成一条直线，粘在“旺仔”中间部位（图8-14），从上往下俯视，铁丝露出部分尽量在一个面上，且都以“旺仔”中轴线对称（图8-15）。

图8-14

『知识拓展』轴对称图形是在平面内沿一条直线折叠，直线两边的部分能够完全重合的图形，这条直线就叫作对称轴。

『数学（Mathematics）指点』就本制作而言，以“旺仔”的平分线为轴平均分成左右两半，四个固定轴就要以此线为参考，既要与轴线垂直，又要左右对称（图8−15）。

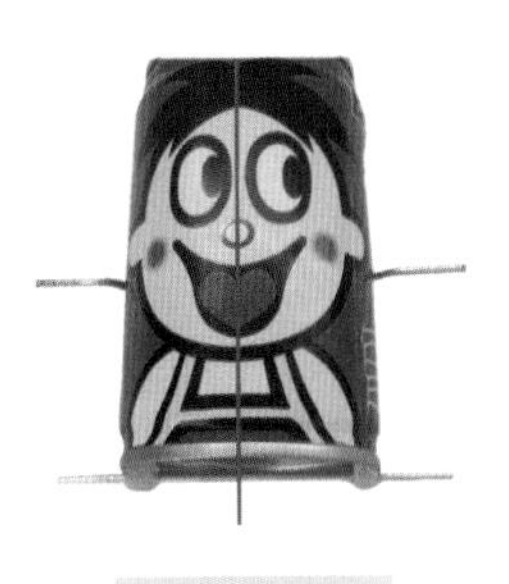

图8-15

『技术（Technology）指点』正是因为实际并没有这条线，所以在制作过程中，读者应在理解相关数学概念的基础上，通过观察，亲自把这条线画出来。

（2）制作腿部。在两根宽雪糕棒上画出大腿和小腿，然后加工出来，并在连接部位打孔（图8-16）。

（3）截取0.5厘米的铁丝两段，先用焊接剂将铁丝的一端垂直固定在膝关节的孔中，牢固后将小腿安装在铁丝上与大腿组合在一起，铁丝露出部分用胶枪点胶以防小腿脱出，或截一小段吸管套在铁丝上，再将吸管与铁丝粘牢，以保证大、小腿转运灵活（图8-17）。

（4）制作手臂。方法如步骤（2）。材料可用雪糕棒也可用硬纸板（图8-18）。

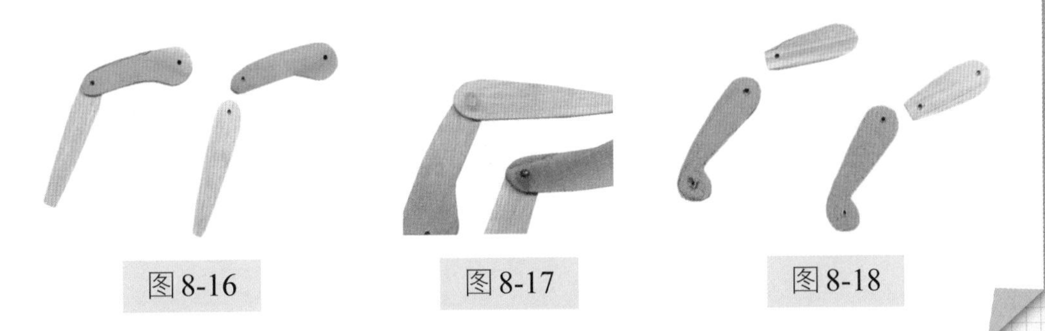

图8-16　图8-17　图8-18

『技术（Technology）指点』手臂的上部分可以用雪糕棒，而下部分用硬纸板比较好，因为雪糕棒质地硬，且有木纹，没办法将手加工成弯曲的形状。

（5）参照步骤（3）将手臂组合（图8-19）。

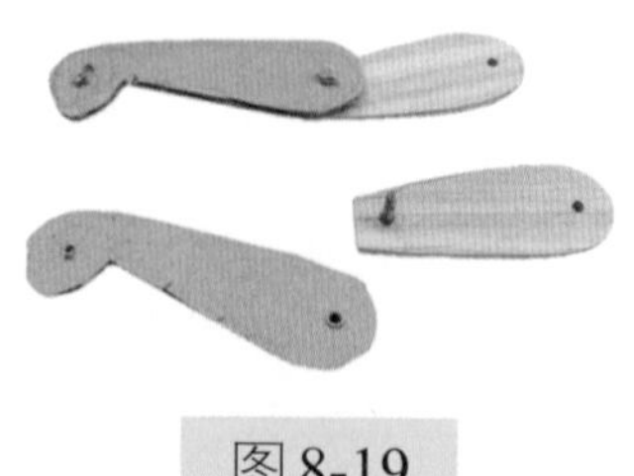

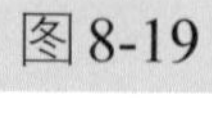

图8-19

（6）截取1厘米铁丝两段，铁丝朝外用焊接剂固定，给跑步机作把手（图8-20）。

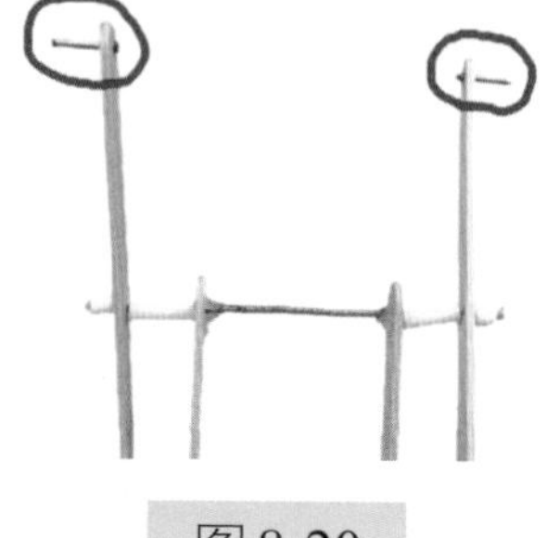

图8-20

（7）给机器人安装手臂和腿。为了让手臂与跑步机把手、腿和踏板的宽度一致，可以适当加一小段吸管（图8-21）。

3.机器人和跑步机组合

（1）在机器人身躯下固定一根20厘米的细铁丝（图8-22）。

（2）在电机前面木板上钻一个小孔，把细铁丝的另一端插入后用胶枪固定，让铁丝支撑起小易拉罐的重量，将双手固定在把手上，再用硬纸板剪出双脚，按与跑步相应的角度粘在腿上，然后通过调节细铁丝的弯度把机器人的身体和四肢摆成在跑步机上奋力奔跑的样子，再把双脚固定在支架上（图8-23）。

图8-21

图8-22

图8-23

『技术（Technology）指点』把手臂和腿做成都有关节，是为了提高机器人的仿真度和可观赏性，但也给制作增加了不少难度，并且也牺牲了手臂和腿对身体的支撑作用。用细铁丝支撑小易拉罐，铁丝不能太细也不能太粗：细了支撑不了，粗了小易拉罐就成了“僵尸”。如果读者在制作过程中还有更好的方法，也请尝试。

『工程（Engineering）指点』本制作看似简单，其实不然，比如，制作前要考虑到机器人身体各部分的比例要协调、跑步机和机器人的大小比例也要协调。两部分制作完成后，怎样组合形成一个完整的机器人系统，也要考虑。

『艺术（Art）指点』也有其他类似的制作，只是机器人手臂和腿是由外面缠了一圈绒毛线的铁丝做成的，身躯和头部是用泡沫球做成的，且整个作品只是积木式的搭建，而非纯手工制作，相对比较简单（图8-24）。从艺术的角度看，本制作的趣味性和可观赏性还是比较高的。

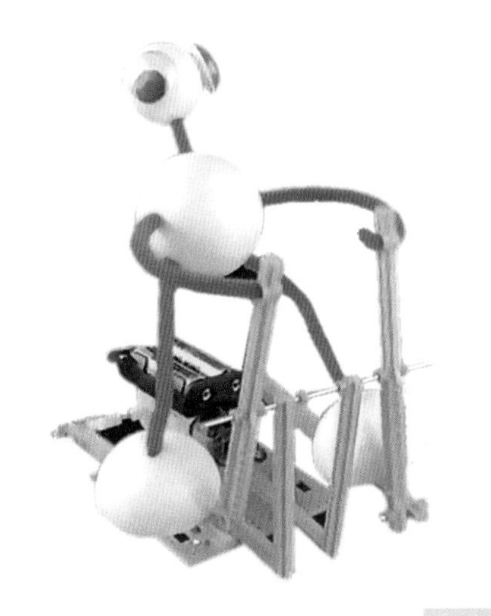

图8-24

（3）将电路连接好，固定在木板上，本制作对电机的旋转方向没有要求。

六、制作感悟

（1）高手下棋，每走一步就能考虑到后面好多步的走法；手工制作也是一样，制作这一步时，就要想到后面还没有做的相关步骤。比如，在将铁丝插入电机轴折成曲轴时，两端的距离既不能比机器人的身躯窄，又不能过宽，否则，跑步机制作完成后，机器人两脚与踏板的宽度就会不一致。制作前、画效果图时就能发现这一问题，并应在制作中注意到。所以，喜欢手工制作的读者还应有一定的美术功底。

（2）“旺仔”跑步的姿势也要调试好，一个是身体在跑步时的倾斜角度，一个是上下肢关节的朝向，如果关节折反了，看起来不仅滑稽可笑，还影响美观。

（3）机器人的身体还可以用比较好处理的东西代替，比如纸质牛奶盒等，也可以自己用硬纸板制作，读者不妨创意一下！

健身机器人

【扫描以上二维码，观看成品视频】

No

Data

制作九

鸭子机器人

——最简单肢体运动的机器人（二）

图9-1

多年前，中国生产的小黄鸭玩具因集装箱坠海而开始了长达十四年的海上漂流，连哥伦布都甘拜下风，于是蜚声海内外。不过，这些小黄鸭玩具没有腿脚，只能在水中随波逐流（图9-1）。我们可以做一个会动的鸭子机器人，让它模仿真鸭子在地上行走（图9-1）。

一、运动特点

与滑雪机器人类似，鸭子机器人也是电机直接带动肢体旋转。不同之处是：滑雪机器人是“上肢”运动（图9-2），鸭子机器人是腿部运动（图9-1）；滑雪机器人“上肢”是一条直线，旋转时只有一端落地，而鸭腿是曲线，旋转时整个曲线都落地。

图9-2

『科学（Science）指点』先观察一下人和鸭子在静止站立时身体正面和侧面与地面形成的角度。人不论是从正面还是侧面观察，身体都是垂直于地面。鸭子从正面观察，身体是垂直于地面的（图9–3），而从侧面观察，身体与地面不是90度角，而是近似45度角（图9–4），这种看似重心不稳的平衡，决定了制作一个行走的鸭子比制作行走的人要难得多，更何况鸭子机器人后面并没有真鸭子那样能够调节重心的屁股（图9–5）。另外，旋转式的运动方式，尽管制作过程十分简单，但能否正常行走、能否稳住重心又成了一个绕不过的坎儿。这些问题，都需要在制作过程中一一解决。

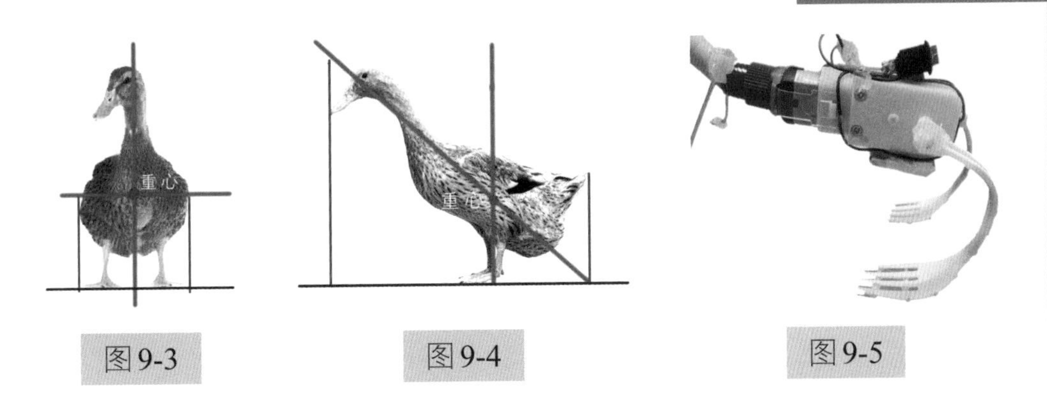

图9-3　　图9-4　　图9-5

二、制作材料

电机、航模小电池、连接线、开关、乒乓球、铁丝、粗吸管、塑料叉子、输液管用于控制流量的滚轮等（图9-6）。

图9-6

三、制作工具

胶枪、电烙铁、钳子、打火机、剪刀（图9-7）

图9-7

四、工作原理

鸭子机器人的腿是弯曲的，旋转时整个曲面落地，以轴心为圆心、以曲面落地点与轴心的长度为半径画圆，把鸭子的身体由低到高重复抬起，鸭子笨重而又搞笑的步态就出来了（图9-8）。

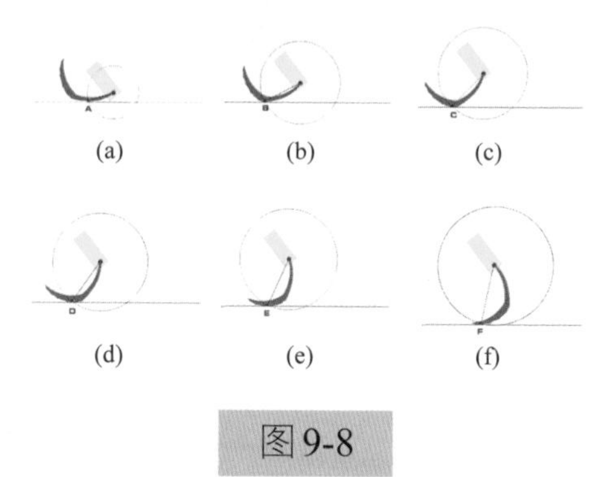

图9-8

『艺术（Art）指点』这种行走方式更像青蛙，所以如果能在外观上动点儿脑筋，据此原理做成青蛙机器人应该更好一些。只是外观的设计不是一件容易的事，读者可以尝试。

五、制作过程

（1）将电机、电池及开关用连接线串联在一起，并按图9-9固定。

图9-9

『知识拓展』串联就是电路中各个元件被连接线（导线）逐次连接起来。将各用电器串联起来组成的电路叫串联电路。串联电路中通过各用电器的电流都相等。

『技术（Technology）指点』开关粘在电机上侧，以便于启停操作；连接线尽量不要粘在左右两侧，避免妨碍鸭腿的旋转；电池粘在电机下面或后面，尽量使重心后移，保证鸭子的正常行走。

（2）找两个塑料叉子，截取叉把余下10厘米，然后用打火机烧软折成弧形（图9-10）。

图9-10

（3）在电机轴孔穿一根铁丝，两头各露出1厘米，用胶枪把两个弯曲的叉子粘在铁丝的两侧，粘时要保证叉子在一个面上，且叉子头朝向鸭头的方向（图9-11）。

（4）取5厘米吸管，将一头斜切粘在电机上，做成鸭子的脖子，注意粘时脖子要有向上的角度（图9-12）。

（5）将乒乓球粘在胶管上（图9-13）。

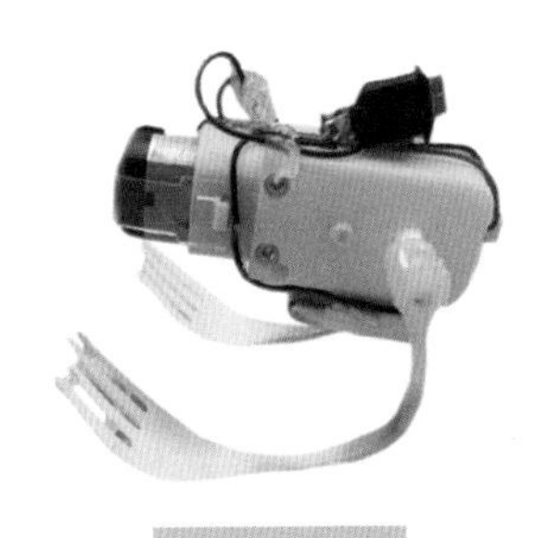

图9-11

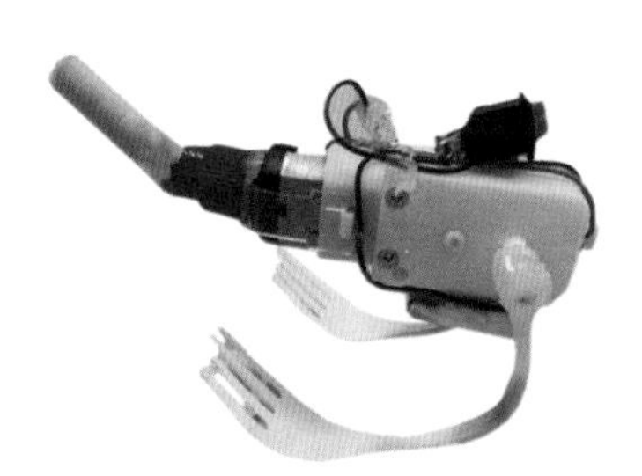

图9-12

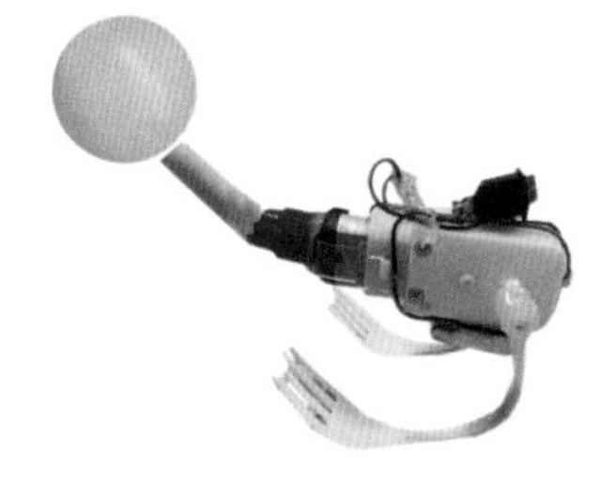

图9-13

『技术（Technology）指点』鸭子的脖子制作是一个难点，一是它向前倾斜的角度，二是它上细下粗的形状。脖子倾斜的角度取决于吸管斜的角度，45度左右比较合适。为了让制作更美观一些，读者还可以找更合适的材料，比如笔者是先在电机上粘一个小瓶盖，再取一段有彩色软胶管的圆珠笔管粘在小瓶盖上，这样脖子就有了粗细变化及颜色。

『数学（Mathematics）指点』怎样才能将吸管准确斜切成45度角呢?可以先捏扁吸管，将一头压在量角器的中心点上，并将捏扁的棱与量角器的底边重合，用笔在吸管上45度角的方向上画线，再用刀沿着所画斜线切下即可。

（6）给鸭头安上眼睛、喙，头顶可以加一些装饰，如图9-14所示。

图9-14

『知识拓展』喙：音huì，特指鸟的嘴。

① 眼睛可以用控制输液流量的滚轮制作，也可以就地取材，找合适的东西粘上，粘时要注意以脖子为对称轴。

『知识拓展』对称轴：是个数学概念。如果沿某条直线对折，对折的两部分是完全重合的，那么称这样的图形为轴对称图形，这条直线叫作这个图形的对称轴。对称轴绝对是一条直线。

② 制作鸭嘴（喙）。将乒乓球一分为二，从一半乒乓球中剪下两块底边为2厘米、其他两边为2.5厘米的等腰三角形，粘在两只眼睛中间稍靠下的位置。

③ 制作鸭帽。把另一半乒乓球边缘剪成大致一样长短的条状，再向外折一下，然后用乒乓球边角料卷成一上小下大的圆柱状，大的一头粘在鸭头上，小的一头与帽子粘好。

（7）本制作较为简单了，可以测试检查一下。

『技术（Technology）指点』测试效果不会好。从前面的“工作原理”可知，弧形的鸭腿从（a）到（f），鸭身在不断升高，重心也越来越高，所以其稳定性也会越来越差，加上鸭腿间的距离又不是很宽，所以，鸭子很容易侧翻，在原地打滚。即使能正常行走，也是头重脚轻，鸭喙着地，碰得“鼻青脸肿”。

『科学（Science）指点』怎样解决这个问题呢？一个是降低重心，除了把电池粘在鸭肚子底下外，还可以在脖子的位置粘个支架，鸭腿无法支撑其身体时，由电池和支架的两只脚形成三个点来支撑身体，头部也能抬起来了。粘支架时注意不要影响腿的旋转，另外，支架的两只脚的距离适当宽一些，三个点形成的三角形的面积就会大一些，鸭子就会更稳一些。当然，粘上支架会影响鸭子的形象，不过只要行走的效果好一些，形象问题就退而求其次了！

（8）经过精心指点后，再经测试，效果就好多了。不过，在光滑的地面上行走，腿会有些打滑，是因为塑料叉子与地面的摩擦力小，可以用胶枪在下肢与地面接触的位置点上一些胶，以增大摩擦力，行走速度会明显加快（图9-15）。

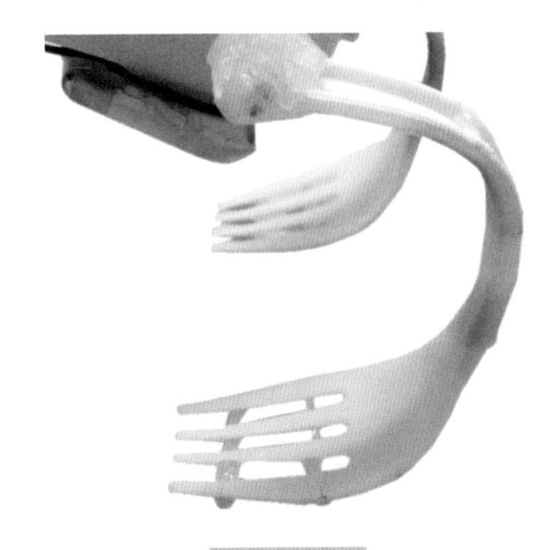

图9-15

六、制作感悟

（1）“世界上没有垃圾，只有放错地方的宝贝”。通过这些制作，对意大利诗人但丁的这句话才深有体会，尤其是本制作中鸭子的腿，最初找了好多东西，都觉得不太合适，偶然想到吃方便面时使用的塑料叉子……

（2）如果机器人站不稳，可以在电机后面适当增加配重。

鸭子机器人

【扫描以上二维码，观看成品视频】

No

Data

制作十

游泳机器人

——电机直接驱动的又一种运动方式

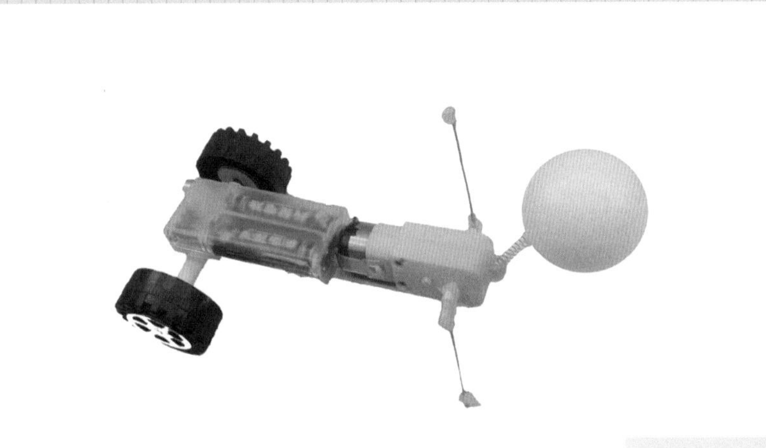

图 10-1

有报道称：有游泳基础的人，遇水就会保命。游泳在关键时可以自救，平时可以健身，何乐而不为呢！自由泳中的狗刨式应是最简单最易学的了，连这个机器人也游得像模像样（图 10-1）。

一、运动特点

手臂是狗刨式游泳时的主角。因为游泳时整个手臂近乎一条直线，以肩轴为圆心做旋转运动，所以就用两根直的铁丝代替手臂了。这样电机的动力直接作用在铁丝上，不仅制作简单，而且动力传递中没有曲轴连杆机构的摩擦力等损耗。不过，铁丝必须与电机轴固定牢，否则，电机空转，手臂不动，机器人也动不了。

『科学（Science）指点』本书介绍的手工机器人虽然简单，却都可以动，得益于两个关键部分：电机和机械部分。我们先从电机的放置方式来分析一下。

如图10–2所示，电机在机器人结构设计时，有三种放置方式：横放、竖放和自由放。机器人是横向运动的，电机也横着放置；机器人是直立运动的，电机也竖着放置。三角形机器人因为形状的特殊性，对电机的放置方式没有要求。也许有读者会问，运动健身机器人和快

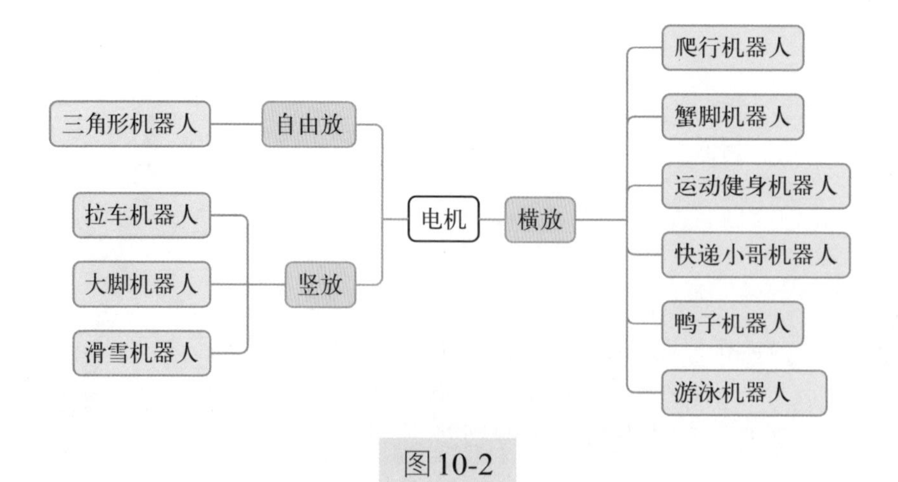

图10-2

递小哥机器人都是直立运动的，但电机为何是横放的？因为尽管这两个机器人是直立运动的，但动力是在跑步机和三轮车上，它们是横向运动的，所以电机还是横着放更合适。

再看这些机器人的机械部分。

如图10–3所示，曲轴连杆机构在机器人制作中大量应用，实际动力设备也是这样，比如汽车发动机，其核心部件就是曲轴连杆机构，将化学能转换成机械能。发动机有两个缺点：一是结构复杂，二是污染环境。随着新能源的研发和应用，由电机直接驱动的设备越来越多，尤其是新能源汽车的普及，会助推环境的极大改善。至于图10–3中的皮带传动就不多说了，读者可以自己分析。

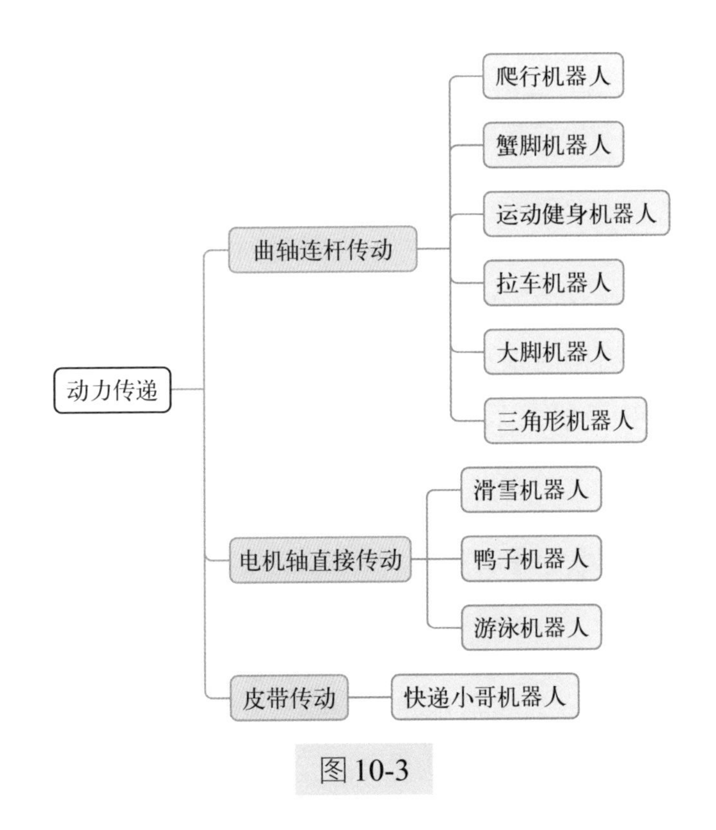

图10-3

二、制作材料

电机、带开关的电池盒、乒乓球、车轮、雪糕棒、铁丝、吸管、油笔管、弹簧、连接线（图 10-4）。

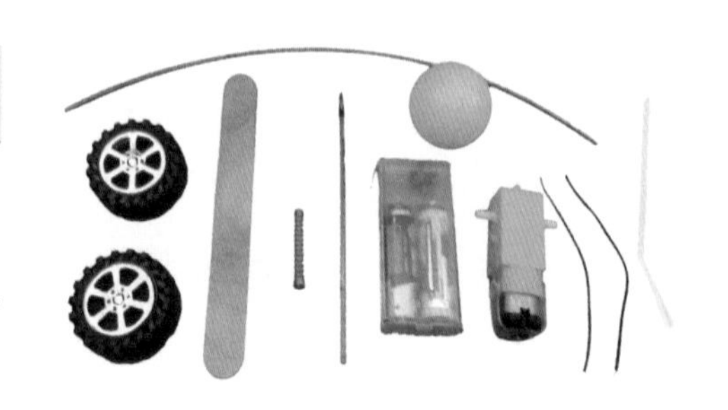

图 10-4

三、制作工具

胶枪、直尺、砂纸、电烙铁、钳子、电钻、焊接剂等（图 10-5）。

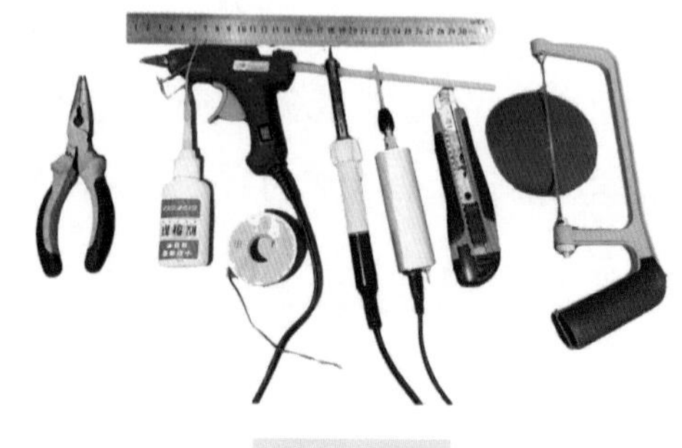

图 10-5

四、工作原理

铁丝在电机轴两侧对折90度角。虽然没有用到曲轴连杆结构，但整体来看，手臂就像是去了曲柄的两根连杆。狗刨式游泳有两种姿势：手臂交替划水和手臂同时划水。读者可以自己选择制作哪一种机器人：前一种将铁丝反向折90度，后一种将铁丝同向折90度（本制作选择前一种）。

五、制作过程

（1）取18厘米铁丝，从电机轴孔穿过平分后粘牢，反向折90度角（图 10-6）。

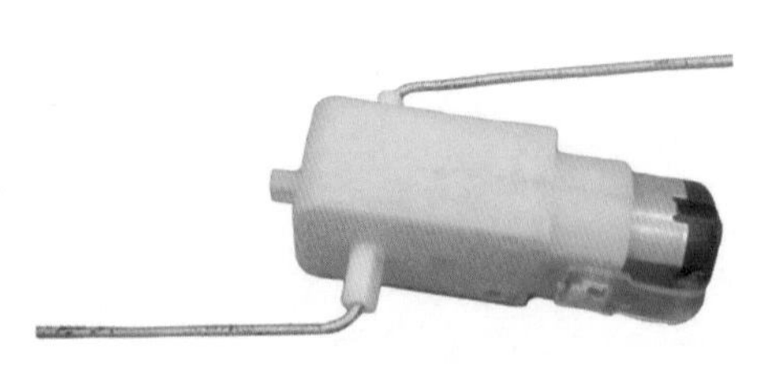

图 10-6

『技术（Technology）指点』折时观察两条手臂要在一个平面上。

（2）给电机焊上连接线，将电机轴朝前，粘在雪糕棒一端（图10-7）。

（3）电池盒开关朝后粘在电机后面，以方便开关。保证机器人是向前运动的前提下焊接连接线，然后将连接线粘在雪糕棒下面（图10-8）。

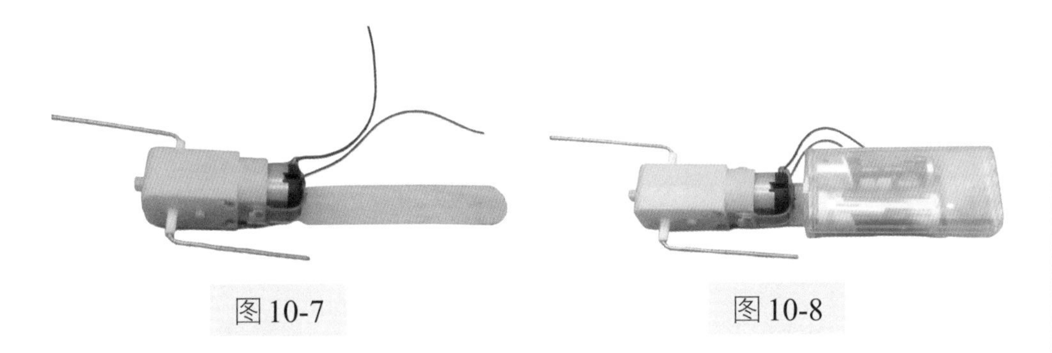

图10-7　　图10-8

（4）截取6厘米吸管，粘在雪糕棒尾部，并以雪糕棒中线为轴垂直平分（图10-9）。

（5）取6.5厘米油笔管做轴，先插进一个车轮轴心内，再用焊接剂粘牢（图10-10）。

（6）将轴插入吸管，将另一个车轮与轴对接后粘牢（图10-11）。

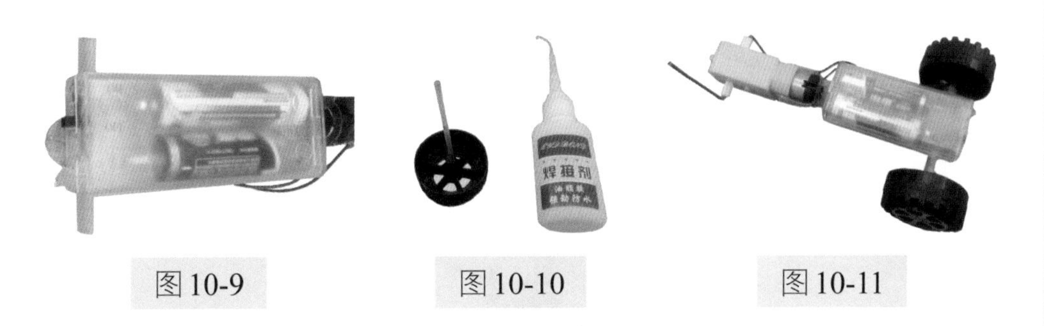

图10-9　　图10-10　　图10-11

『技术（Technology）指点』点焊接剂时，千万不要将轴和吸管粘住了！因焊接剂遇风干得快，所以要一边对着粘的部位吹气一边转动轮子。

（7）将弹簧稍拉长一些，把乒乓球粘在弹簧一端，再将另一端倾斜粘在电机前凸起的部位（图10-12）。

（8）在铁丝的两头用胶枪上一些胶，以增大摩擦力（图10-13）。

（9）可以一试身手了。

图10-12　　图10-13

『技术（Technology）指点』按原设计的方案，本机器人已经制作完成了，但手臂活动时，整个躯体上下颠簸得厉害，总觉得不太满意，是不是有办法解决这一问题呢？

『技术（Technology）指点』鸭子机器人用了支架后，感觉整体上没有什么不合适，而用在这个游泳机器人身上，就有些不匹配。加上支架后，运动起来是上下颠簸幅度小了，但游起来不流畅，狗刨式游泳再慢，身体在水中也是有惯性的，要体现出游泳的流畅性，这个支架还是改成轮子为好。

『工程（Engineering）指点』笔者正好捡过一些轨道窗帘用的小轮，在这儿正好可以借用（图10−14）。

图10-14

（10）在电机下做个支架，把身体抬得高一些，就像鸭子机器人一样，可以解决游泳时身体上下颠簸幅度大的问题，如图10-15所示。

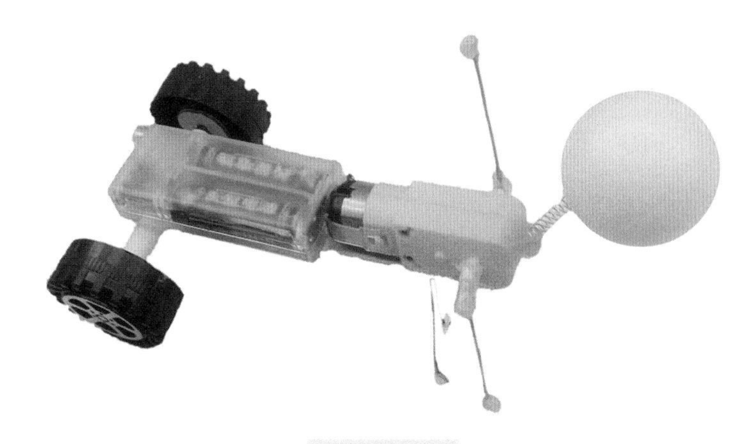

图10-15

（11）剪取一对小轮，截取牛奶吸管5厘米，塞进两轮中间与轴连接的部分，再将吸管另一端折1厘米用胶枪粘在雪糕棒前端（图10-16～图10-18）。

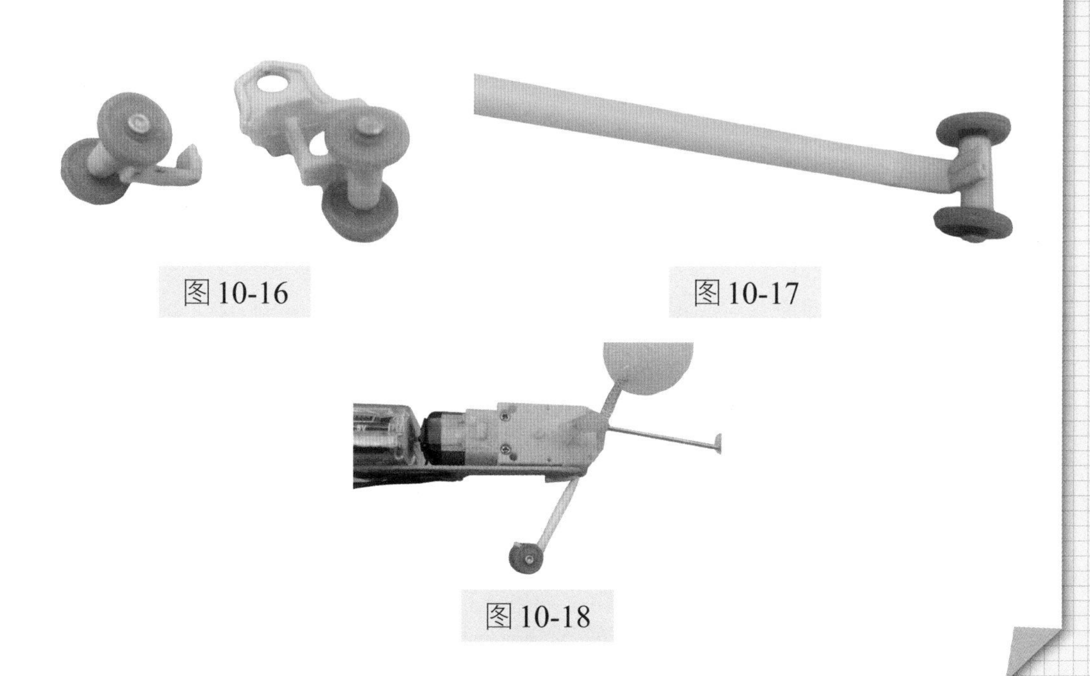

图10-16

图10-17

图10-18

『技术（Technology）指点』吸管比较软，机器人活动时间长了，轮子会越来越贴近雪糕棒，从而失去支撑作用。

（12）再找一根弹簧，一头粘在小轮间另一凸起上，另一头粘在雪糕棒上，形成一个三角形，既稳定还有弹性，手臂活动时还能起到减振器的作用（图10-19、图10-20）。

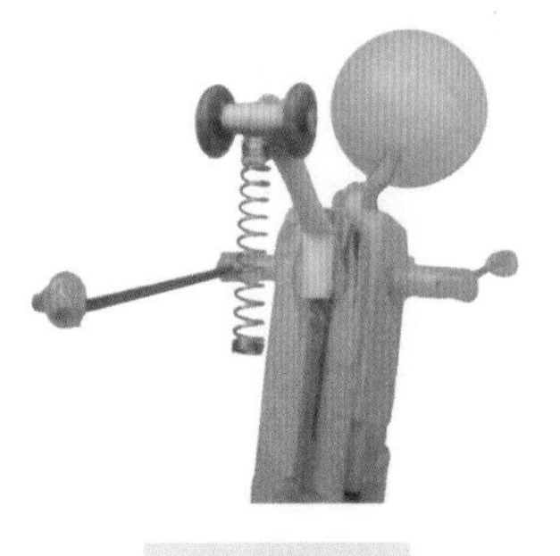

图10-19

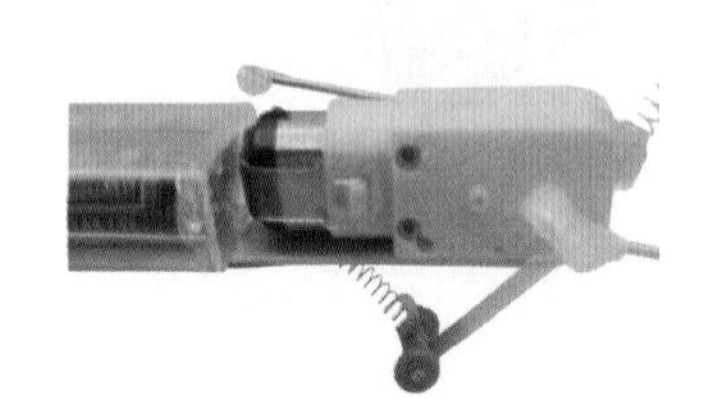

图10-20

『技术（Technology）指点』这次可真是比原来完美多了。不过所谓的完美都是相对的，只有更好而没有最好。对于手工制作者来说，对“废物是没有放对地方的宝贝”这句话应有更深刻的体会！

在测试中发现，加了这两个小轮，不仅减小了机器人活动时上下颠簸的幅度，而且“游泳”的流畅性也有明显提高。这不仅得益于两个小轮子的灵活，还有赖于笔者没有把轮子支架固定死，而是用弹簧给轮子做了一个减振器，让身体显得轻松。

『科学（Science指点）』从结果中还看出，不但“游泳”流畅性提高了，还意外地提高了移动的速度。这不仅得益于轮子的灵活性和弹簧的弹性，还有一个更重要的原因，即机器人身体被抬高，手臂旋转时不但缩短了用力的时间，更给电机节省了不少能量。

『艺术（Art）指点』其实，笔者给这个机器人取名颇费周折。开始叫“爬行机器人”，觉得不妥，又改名“爬虫机器人”，还觉不妥，最终取名“游泳机器人”。我觉得这个机器人的姿势与狗刨式游泳的姿势最接近，所以相比之下，最后的取名是最合适的。

『科学（Science）指点』给机器人取名不但要抓住其运动特征，还要有科学道理。

如图10-13所示，总觉得这个机器人在游泳时不是为了保命，更像是喊人救命！因为这样的姿势不像是游泳，更像是瞎扑腾。如果把手臂折成同一个方向，是不是与刚制作完成的鸭子机器人有点类似？再看滑雪机器人，运动起来也不顺畅。看来电机直接将动力传给手臂，结构是简单了，但也牺牲了运动的连贯性。对照图10-13和前面的爬行机器人来分析一下：两个机器人的外观除了电机轴一个是用铁丝做的手臂，一个是用曲轴连杆做的手臂，其他部分几乎完全一样。但为什么运动起来一个颠簸一个顺畅呢？原因就在于爬行机器人的曲轴连杆机构将后臂的旋转运动变成了前臂的前后运动（图10-21），两条前臂交替运动，在重心稳当的前提下，身体不会侧翻，爬行起来就觉得顺畅；而对于游泳机器人，电机直接驱动的手臂只能整体做旋转运动（图10-22），如果把手臂旋转时画出的圆看作是车轮，这手臂仅仅是车轮的两根辐条（相当于圆的直径），可以想象，这样运动，手臂越长，身体的颠簸就越厉害！而这种姿势却正符合游泳的样子，所以从仿生学的角度讲，笔者最终给它命名“游泳机器人”，不但是抓住了运

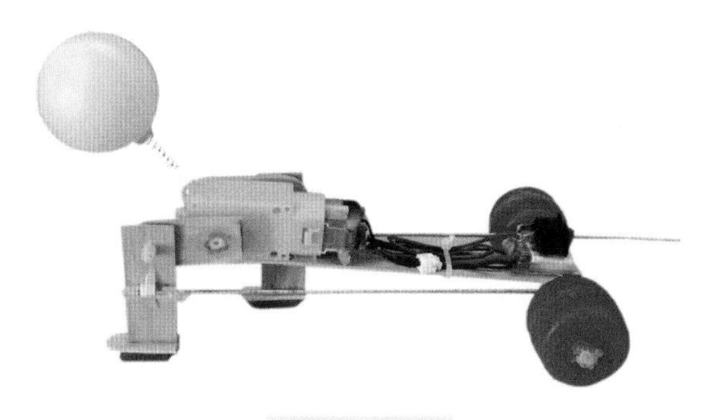

图10-21

动物体的特征，而且赋予名字以科学道理。尤其是最后给机器人加了轮子支架（图10–23），不但减少了身体的振动，而且提高了动作的流畅性。

图10-22

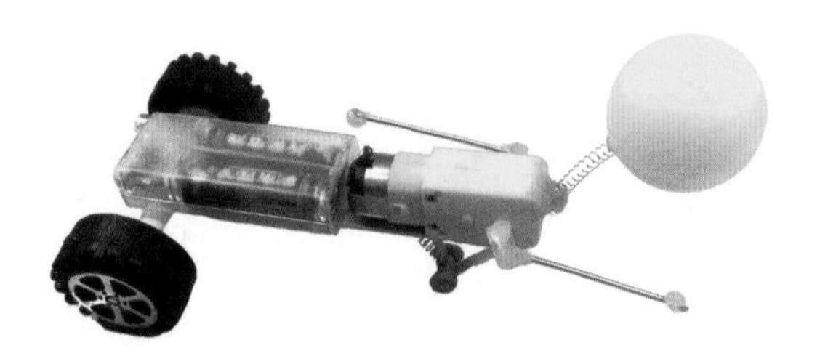

图10-23

六、制作感悟

（1）把这个机器人放在最后，是由于笔者压根儿没底气把它介绍给读者，因为它过于简单，如果放在书中，担心有充数的嫌疑。只是到了最后，将之前做过的、余下的几个机器人进行了认真比对和分析，才觉得这个全书最简单的机器人，似乎蕴含着更多的道理。在本制作文字编写过程中，确实也体会到了本书“小制作，大道理”的编写宗旨。

（2）笔者不会把本书写成单纯介绍如何手工制作机器人的书。如果这样编写，会简单得多：制作步骤一罗列，相关图片相对应就万事大吉了。事实上，在整个编写过程中，最烧脑的不是设计、不是制作、不是对步骤的书写、不是对图片的处理，甚至也不是对视频的布置和拍摄，而是书中贯穿的STEAM教育理念，即对「科学指点」、「技术指点」、「工程指点」、「艺术指点」和「数学指点」在各个制作中的编写。把最新潮的教育理念置于书中，分明是对才疏学浅的笔者的挑战。只要读者在阅读本书时，没有觉得它只是一本手工机器人制作说明书，就足矣！

游泳机器人

【扫描以上二维码，观看成品视频】